當個上臺不發抖的領導者

即興談話 × 商業談判 × 會議主持 × 社交溝通

學會最實用口才祕笈，開口就是字字珠璣！

—— 編著 ——
謝惟亨，惟言

U0087379

臺下那個誰又在發呆走神，
隔壁的已經在滑手機了……
演說冷場、主持會議卡卡、談判失利、
交談超無趣？

那是你沒有掌握好好說話的「口技」！

幽默問答 × 得體措辭 × 接話時機
原來滔滔不絕也可以很容易！

目 錄

目錄

目錄

基礎篇

第 1 章　脱口秀的基本功

高超的口才是領導者應當具備的能力，也是基本功。它反映出領導者的思維能力、社交能力、組織能力、工作能力以及個性、風度。可以說，口才笨拙的人，即使擔任領導職務，也會很難勝任，因為他們缺乏語言表達能力，這樣是無法開展工作的。

一位工會領袖拿著一份精心寫好的會議稿，召集5個委員開會。開會的時間早已過了，可是只來了3個人。他嘆氣說道：「唉，該來的沒有來！」有個委員聽到，覺得很不自在，他想：莫非我是不該來的人？於是這個委員悄悄地溜走了。工會領袖見狀，又嘆道：「唉，不該走的走了！」剩下的2個委員聽主席這麼說，誤認為他倆都是該走而沒有走的人，於是一氣之下全走了。

這則笑話說明，領導者的口才不光展現在那些事先擬好草稿或腹稿的報告與演講上，更體現在平常不經意的隻字片語上。細節決定成敗，在口才上也是如此。

領導人脫口秀，指的是領導者事先未做準備，臨場因時而發、因事而發、因景而發、因情而發的即興言語表達方式。相對來說，領導者在工作與生活中的言語表達，以即興為主。在工作場合，或提問、或回答、或談判……很多時候都是「無」備而來；有時即使有準備，但更多時候要靠臨場發揮才能產生良好的表達效果。因此，脫口秀對領導者來說顯得非常重要。在言語交際過程中，深諳此道者常口若懸河，滔滔不絕，有條不紊，對答如流，一針見血；而缺少技巧者則腦門充血，無言以對，結結巴巴，顛三倒四，言語木訥。

領導者想讓自己脫口而出的話「優異」起來，有必要先練好以下基本功。

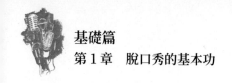
簡明乾脆，一箭上垛

簡明乾脆的談話最能展現領導者的談話風格。簡潔乾脆並非講話者學識不足，而是說話者極善言語的表現，是其豐厚的生活、知識積累的精髓。如果說話者胸中沒有充足的事實、現象、語詞的蘊蓄，他主觀上再想簡潔，再想乾脆，也是不可能的。

法拉第（Michael Faraday）為了證實「磁能產生電」，在大廳裡對著許多賓客表演，只見他轉動搖柄，銅盤在磁極間不斷地旋轉，電流表指針漸漸偏離零位。客人們讚不絕口，只有一位貴婦不以為然。

貴婦問：「先生，這東西有什麼用？」

法拉第回應：「夫人，新生的嬰兒又有什麼用呢？」

人群中爆出一陣喝彩聲。

針對貴婦取笑式的問話，法拉第來了一個反問。

眾所周知，新生嬰兒有強大的生命力，這個比喻是如此的貼切，難怪賓客們會喝彩。後來，他的預言也確實完全被科學所證實。

英國人波普說：「話猶如樹葉，在樹葉太茂盛的地方，很難見到智慧的果實。」

清代畫家鄭板橋有詩云：「削繁去沉留清瘦，畫到生時是熟時。」當今語言大師們認為：言不在多，達意則行。可見，用最少的字句包含盡量多的內容，是講話水準的最基本要求。滔滔不絕、出口成章是一種「水準」，而善於概括、詞約旨豐、一語中的同樣是一種「水準」，且更為難得。很顯然，我們要追求的是後者。

兩千多年前，馬其頓國王率領軍隊遠征印度，時值盛夏，將士們口乾舌燥。國王無奈，派人四處找水，結果只找來一杯水。國王高舉水杯，對

將士們喊道：「現在已經找到一杯水，有水就有水源，為了找到水源，前進吧！」說完，便將那杯珍貴的水倒在地上。將士們受到鼓舞，群情激奮，頑強地向前線衝去，奪取了戰鬥的勝利。試想，倘若國王自己把水喝了，再發表一番冗長的訓示，恐怕是不會奏「群情激奮」之效的。

說話要真正說到點子上，恰如其分，恰到好處，不是人人都能做得到的。領導者講話也是如此，有的領導者講話頭頭是道；有的領導者講話前言不搭後語；有的能口若懸河；有的卻笨口拙舌。這只是語言技巧運用的不同罷了。

有人問馬克・吐溫，演講辭是長篇大論好，還是短小精悍好，他沒有直接回答，而是講了一個故事。

「有個禮拜天，我到教堂去，適逢一位傳教士在那裡用令人哀憐的語言講述非洲傳教士苦難的生活。當他說了 5 分鐘後，我馬上決定對這件有意義的事捐助 50 元；當他接著講了 10 分鐘後，我就決定把捐助的數字減至 25 元；當他繼續滔滔不絕地講了半小時後，我又決定減至 5 元；最後，當他講了一個小時，拿起缽子向聽眾哀求捐助，並從我面前走過的時候，我卻反而從缽子裡偷走了 2 塊錢。」

這個幽默的故事告訴我們，講話還是短一點、實在一點好，長篇大論、泛泛而談容易引起聽眾的反感，效果反而不好。

林肯的格提士堡講話是美國歷史上被譽為最優美、不朽的演說！全篇只有 10 句話，271 個字，僅用了 2 分鐘，卻成為林肯一生不朽的紀念！

脫口而出的話，如何才能「秀」而不是「羞」？我們先來探討脫口秀的特點。

脫口秀的特點如下：

◆ **形式自然，靈活多變**：脫口秀有時沒有明確的中心，只是自然而然地

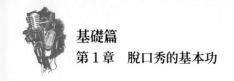

任意表述各種話題；有時有中心，但因受時間、地點和交談對象的變化，不得不改變話題，改變表達方式。

◆ **語言精練，達意為上**：脫口秀是臨場之作，不宜過長，否則繁雜囉嗦，節外生枝，語言拖沓，難以收場。

◆ **情感激發，誘導聯想**：沒有情感激發就沒有成功的脫口秀，有時雖然是受命而談，也需要情感醞釀過程。情感一旦形成，必定喚起表達者的情緒記憶，誘導豐富的聯想，推進思維過程，從而捕捉話題，進行即興表達。

◆ **隨興而發，針對性強**：即興交談常常是面對、接觸後才開始進行的，不可能事先做好準備，由於思考時間短，出語速度快，交談者必須聽辯靈敏，臨場發揮，快速組織，否則會讓交談很不順利。

◆ **相互制約，聽說並行**：脫口秀多半是現場有感而發，靈感常常來自聽眾、觀眾席上。交談中，必須使自己的話與對方的話相呼應，否則會牛頭不對馬嘴，導致交談的失敗。

脫口秀因為需「脫口而出」而有一定的難度，但其表達的結果應該符合特定的目的，切合特定語境，這樣才能使表達方式正確，效果良好。脫口秀應該達到以下一般標準：

把握時機，靈活善變；言語和諧，語氣適宜；

思維敏捷，反應迅速；立意明確，內容集中；

條理分明，邏輯嚴密；語勢連貫，跌宕起伏；

用語規範，貼切易懂；適切語境，話語得體；

生動優美，詼諧幽默；委婉含蓄，蘊藉深邃。

生動活潑，引人入勝

生動是領導者脫口秀的基本要求之一。領導者無論在什麼場合下，都需要使用易被對方接受、鮮明生動的語言，而忌諱那種乾澀難懂、空泛乏味的說教。這就需要領導者努力掌握好以下幾點。

▌語言的生動性

領導者運用語言的生動性，一個最基本的要求就是要使用自己的語言。有些領導者願意使用一些現代的「時髦詞」，或流行的空話。把這些東西生拼硬湊在一起，乍聽起來很「新鮮」，實際上細細回味，有些是「生吞活剝」、「消化不良」的；有的是似曾相識，改頭換面的；有的似是而非，很不準確的。這些語言不僅不能幫自己的演講增色，反而會使其更加遜色。

前蘇聯的加里寧曾感慨地指出：「最壞的事便是用現存的公式和現存的口號來思量。這種做法當然容易得多，但若用自己的話把某種理論表達出來，首先得好好思索清楚、了解清楚，不然你就會犯錯。如果說話時只背誦那些記得爛熟的公式，則說明你的腦袋並沒有真正發揮作用，而是在睡覺。」同時他還明確地指出：「為什麼你們在發言中總是力求用現成的公式來講話呢？……什麼叫說現成的話呢？這就是說，你們的腦筋沒有發揮作用，而只是舌頭在產生作用。說現成的一套話，你們就不能讓人有印象。為什麼呢？因為這套話用不著你們說，大家也知道。你們害怕若照自己的意思來講話，那就會講得不夠漂亮，其實你們錯了。每個人應當力求用自己的語言說話，用母親教會的語言說話。母親所教出的語言是最好的語言，請你們相信我說的是良心話。」

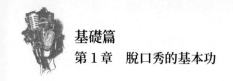

加里寧的這番話頗能給我們啟迪。每個領導者在運用語言的實踐中，都要大膽地去總結，去思考，去創造，透過自己的思考和理解去分析問題，並去說服人，讓人接受，願意與你共同去實行。

▌說明形象的生動性

說明形象的生動性，就是語言敘述中所選擇的形象應該具有較高的生動性、感人性，並且在語言的運用上也要真實地描述出其行動性。這就要在形象的選擇和描繪上精心籌劃，適當使用比喻、擬人、襯托、渲染、誇張等手法。

東晉的顧悅之與簡文帝同一年出生，但顧悅之的頭髮早白，簡文帝對他說：「你的頭髮為什麼先白？」顧悅之回答道：「我好比蒲柳弱質，一到秋天就凋落；您如同堅貞的松柏，經過風霜，更加茂盛。」

這種講話風格融資訊傳遞於柔美愉快之中，增加了表達的效果，使接受者在獲取資訊的同時，也得到美的享受，從而勃發認同、傾心的情趣，使講話更能達到目的。

領導者要在談話中盡量使自己的言談充滿使人感動的詞彙，增加文采，即如宋朝程頤在《程氏粹言》中所說：「言不貴文，貴於當而已；當則文。」

平實自然，通俗易懂

脫口秀不是散文朗誦，不必追求華麗的詞藻，也不是學術報告，不需要深奧的專業術語，脫口秀要求用平實的語言來敘事或說理。

1860 年，美國大富翁道格拉斯（Stephen Arnold Douglas）身為民主黨總統候選人，曾公開羞辱共和黨總統候選人林肯：「我要讓林肯這個鄉下

佬聞聞我們貴族的氣味！」後來，林肯這個沒有專車、乘車自己買票、或搭朋友提供的農用馬拉車的總統候選人，在發表競選演說時這樣介紹自己：

「有人打電話問我有多少銀子，我告訴他們我是個窮棒子。我有一位妻子和兒子，他們才是我的無價之寶。我租了一間房子，房子裡有 1 張桌子和 3 把椅子。牆角有一個櫃子，櫃子裡的書值得我讀一輩子。我的臉又瘦又長且長滿鬍子，我不會發福而挺著大肚子，我沒有什麼可以庇蔭的傘，唯一可以依靠的就是你們！」

這段話類似於一首「百子歌」，通俗易懂，生動淺顯。1861 年至 1865 年的美國南北戰爭期間，倫敦的《星期六評論報》告訴讀者：「美國人民有一個十分優越的條件，就是他們現在的總統不僅是一位可敬的國家元首，還是全國第一位愛開玩笑的人。」

脫口秀要多用貼近人民現實生活、自然輕快、通俗易懂的口語，如多選用狀聲詞、感嘆詞、民諺、歇後語等。概括起來，你可以透過下列方法使表達口語化。

- ◆ 少用文言詞，多用現代詞彙；少用方言詞，多用通用詞彙。
- ◆ 少用書面語，多用口語詞彙；少用抽象語，多用形象詞彙。
- ◆ 少用學術語，多用普通詞彙；少用連接詞，多用動態詞彙。
- ◆ 少用成語，多用俗話。

談到口語化，有必要談談慣用的口頭禪迷思。

口語中常見的口頭禪，比如：「好像」、「也許」、「說不定」、「大概」、「大約」、「或許是」、「反正吧」、「太那個了」、「怎麼說咧」、「啊」、「吧」、「好嗎」、「可以嗎」……等等。

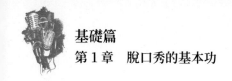

這些口頭禪會削弱表達的效果，影響聽眾的情緒。口頭禪會使個別語句反覆出現，破壞語言結構，使語言斷斷續續，前後不連貫，每一次口頭禪的出現，等於一次切割，把整個過程切得支離破碎，給人離散之感。口頭禪是一種相似的模式，令聽眾覺得平淡、枯燥，有人把口頭禪比喻為「語言的腫瘤」，這是有道理的。

尤其是一些「髒、亂、差」口頭禪更顯粗俗、下流，一定要根除，沒有必要把粗俗當個性。

諺語俗話，信手拈來

善於把生活中的諺語、俗話引入講話之中，便於把抽象的問題形象地解決，將複雜的問題簡單化。

諺語、俗話是勞動人民在長期的生產和生活實踐中，總結出來的語言，經歷了千百年長期傳誦，千錘百鍊，凝結勞動人民豐富的思想感情和智慧。諺語、俗話具有寓意深長、語言精練、朗朗上口、便於記憶的特點，還可以為語言增色。

美國前總統雷根到前蘇聯訪問，兩國領導人舉行會談。在歡迎儀式上，前蘇聯領導人戈巴契夫說：「總統先生，你很喜歡諺語，我想為你蒐集的諺語再補充一條，這就是『百聞不如一見』。」

戈巴契夫之意，當然是宣稱他們在削減策略武器上有行動了。

雷根也不甘示弱，彬彬有禮地回敬：「是足月分娩，不是匆忙催生。」

在當時，雷根的諺語形象地說明了雷根政府不急於和前蘇聯達成削減策略武器等大宗交易的既定政策。

兩國領導人經過緊張磋商，在某些問題上縮小了分歧，都表示要繼

續對話。戈巴契夫擔心美國言而無信，於是在講話中用諺語提醒：「言必信，行必果。」雷根於是還給戈巴契夫一句諺語：「三聖齊努力，森林就茂密。」

兩位領導人都是講話高手，巧妙地掌握諺語的喻示尺度進行磋商，收到很好的效果。

基於兩個不同意識形態及文化氛圍的國家領導人，尚能用諺語、俗話清楚明瞭傳遞出各自的意思，可見諺語、俗話的應用之廣。

流傳在民間的諺語、俗話數不勝數，領導者在工作之餘，不妨蒐集、記錄一些諺語、俗話在腦海裡，以便應用之時能信手拈來。

值得注意的是，領導者在運用諺語、俗話時，也要注意適當應用。不適當運用不但使聽者厭煩，還會產生副作用。領導者應該在追求表達效果的同時，不要忘了自己的身分，說出的話要符合自己的領導地位和品位，千萬不要讓人看笑話。

委婉含蓄，典雅持重

星期一的早上，總經理喬治的一位年輕女祕書上班遲到了，這是她這個月的第 5 次遲到。祕書看到喬治正在等她，心裡很不安，便編造了一個理由：「對不起，總經理，我的錶出了問題。」

喬治婉轉地說：「那麼，恐怕妳得換一隻錶了，否則我就要換一位祕書了。」

喬治是極守時的人，對祕書的再三遲到無法容忍，儘管如此，他沒有揭穿祕書推諉的謊言，而是順著她的話，請她換一隻錶。這樣一來，讓人感受到喬治有人情味，又讓女祕書受到了教育。 在脫口秀裡，委婉含蓄

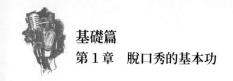
的風格不能理解成圓滑取巧，因為講話者有非常清晰的資訊傳遞意識，講話的目的完全明確，只不過是出於對方接受的需要才為之。有時，則是為了禮貌或緩和矛盾而用此方法表達。

掌握典雅持重的談話風格也是領導者應對策略之必須。典雅持重就是文明禮貌、規範端莊、不粗不俗、沉穩厚重。

這種講話風格可以展現領導者的地位、修養、性格、氣質，對接受者來說，又有一種平等、尊重的感覺，因此講話效果是比較好的，在正式、莊重的場合，常需要此種講話風格。

自古就提倡言語的典雅持重。《禮記·祭義》提出：「惡言不出於口，忿言不反於身。」告誡人們不要說粗鄙、輕浮的話。荀子《非相》中則認為：「言而非仁之中也，則其言不若其默也，其辯不若其吶也。」也是提醒人們說話要文明、穩重、謹慎。說不文明、不穩重、不謹慎的話，還不如不說好。當今，國家之間、組織之間、人與人之間的交往日漸頻繁，在各種交往中，離不開典雅持重。即使兩個人已互相厭惡對方，這種風格也是需要的。《戰國策·燕策》中說「君子交絕，不出惡聲」即為此理。

注入情感，激起共鳴

美國南北戰爭結束後，有兩位軍人競選國會議員。一位是著名英雄陶克將軍，功勳卓著、曾任國會議員；另一位是約翰，他是一位很普通的士兵。

陶克精心設計了他的競選辭，他是這樣開始的：「諸位同胞們，記得17 年前（南北戰爭時）的晚上，我曾帶兵在榮山上與敵人激戰，經過激烈的血戰後，我在山上的樹叢裡睡了一個晚上。如果大家沒有忘記那次艱

苦卓絕的戰鬥，請在選舉中，也不要忘記那吃盡苦頭、餐風宿露而造就偉大戰功的人。」

這段話很精彩，感情色彩很濃，贏得了選民雷鳴般的掌聲。約翰見狀，當即調整了自己的競選演講開頭：「同胞們，陶克將軍說得沒錯，他確實在那次戰爭中立下了大功。我當時是他手下的一個無名小卒，替他出生入死，衝鋒陷陣；這還不夠，當他在樹林裡安睡時，我還攜帶著武器，站在荒野上，飽嘗寒風砭骨的滋味，全力地保護他。……」

約翰見機行事、脫口而出的話實在更動人，更易激起共鳴。他最終擊敗了陶克，獲得競選勝利。

「感人心者莫先乎情」、「情不深，則無以驚心動魄」。脫口秀在激情迸發時，好比沖出龍門的河水，呼嘯奮進的浪花，使「快者掀髯，憤者扼腕，悲者掩泣，羨者色飛。」

這就要求表達者性情豪爽、話語坦率、推心置腹、以真換真，以誠對誠，講出真情實感；這就要求表達者情感的彰顯應該要熾熱、深沉、熱情、誠懇、娓娓動聽，做到「未成曲調先有情」；這就要求表達者必須和聽眾一起喜怒哀樂，不掩飾、不迴避，對真、善、美熱情謳歌，對假、醜、惡無情鞭笞。濃濃情感溢於言表，使聽眾聞其聲、知其言、見其心，達到感情上的融合，思想上的共鳴，認知上的一致，既影響了聽眾，也受到聽眾的影響，達到情感的交流與平衡。

審時度勢，利用語境

有時候，你在某個會議上發言時，聽眾態度冷淡，對你的發言毫無興趣，甚至呵欠連天，這可能是你的發言內容較乏味，講話的方式不生動有

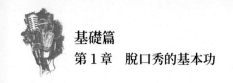

趣所造成的。發現這些情況後，你不必著急，可以做適當的調整和轉換，使自己的語言表達能吸引眾人。不過，這種調整和轉換要力求自然，不能猛然增大自己的音量，也不能突然間轉換話題，要有一個過渡。你可以延續發言內容，講有趣的故事或逗樂的笑話，大家一樂，注意力也就被調動起來了。

世界上許多善辯家之所以成功，與他們的善「變」分不開。所謂「變」，是指故意改變對方言語的蘊意、概念，或有意變換觀察的視角，跳離原定思維軌跡等，方式可謂各式各樣。

菲律賓阿奎諾夫人在與馬可仕競選總統時，馬可仕說阿奎諾缺乏經驗，他聲稱：「女人最適合的處所是臥房」。

阿奎諾抓住「經驗」大做文章：「我承認我的確沒有馬可仕那種欺騙、說謊或暗殺政敵的經驗，但我不是獨裁者，我不會撒謊，不會舞弊。我雖然沒有經驗，但我有的是參政的誠意，選民需要的是和馬可仕完全不同的領袖。」

在競選場合中，相互揭短是家常便飯，護短也是難免的交際行為，問題不在於是否應護短，而在於應該怎麼護短。阿奎諾夫人採取的是變「短」為「長」的策略。她承認自己缺乏經驗，但缺乏的主要是做壞事的經驗，顯然缺乏這種經驗對選民來說並不是壞事，而是好事。這種變短為長的方法是政治家常用的手段。據說雷根在1984年競選總統時已是72歲高齡。有記者問他，年齡是不是他競選的一大問題。雷根答道：「我不打算為了政治目的，而利用我的對手年輕和沒有經驗這一點。」相比之下，雷根更為含蓄婉轉。

人類語言交流的實踐證明：在同一社會環境中，表達同一思想內容；不同場合要求採取與之各自相應的語言形式，否則達不到說話的目的。一

個成功的領導者，說話應當看場合，即「到什麼山，唱什麼歌」。

有一次，鋼琴家波奇在美國密西根州的夫林特城舉行演奏會。當他登場時，發現全場有一半的座位空著，但他還是大步走向舞臺，向觀眾表示謝意：「朋友們，我發現夫林特這個城市的人們都很有錢，我看到你們每個人都買了 2、3 個座位的票。」

全場大笑，熱烈鼓掌。

魯迅先生曾說過這個故事：有一個有錢人家，在孩子滿月時舉行慶宴，前來慶賀的人見到孩子，有的說孩子將來一定能當大官；有的說孩子將來一定能發大財；有的說孩子將來一定能成就大事業……等等。這時有一個人卻說：這孩子將來會死的。前人都是隨口奉承，沒有根據；最後一人所言確有根據，符合客觀規律。但從口語表達的效果來看：對前者，主人眉開眼笑，連連道謝；對後者則怒氣沖天，棍棒相加。孩子滿月是喜事，主人這時願聽讚美之詞，儘管是信口之言；而說孩子將來必死確是有據之言，卻讓主人反感。因為言語與場合和喜慶的氣氛不相協調。由此可見，在莊嚴的場合，言語也要莊嚴；在輕鬆的場合，言語也要輕鬆；在熱烈的場合，言語也要熱烈；在清冷的場合，言語也要清冷；在喜慶的場合，言語也要喜慶；在悲哀的場合，言語也要悲哀。

講話有水準的領導者都能做到審時度勢，且善於利用語境。

加強訓練，提高素養

脫口秀是領導者面臨的新口才高峰，想表達時能左右逢源、遊刃有餘，平時要加強訓練，努力提高以下素養。

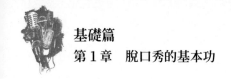

█ 完美的人格

古人云：「有德不敵」、「人之情，心服於德而不服於力」。即興說話的宗旨是樹立自己，說服對方，無德乃不能使人心悅誠服。這就要求我們要加強思想情操與氣節的修養，要實事求是，光明磊落；要言行一致，表裡如一；要胸懷坦蕩，鎮定自若；要平心靜氣，遇亂不驚。唯其如此，才能在脫口表達時，動之以情、曉之以理、勵之以意、導之以行。

█ 廣博的知識

廣博、完整、嚴謹的知識結構是表達口若懸河、妙語連珠、談笑風生的堅實底蘊。以下我們來看一則即興論辯例子。某兩大學在辯論半決賽時，討論「愛滋病是醫學問題，還是社會問題」。為闡述單靠醫學不能解決愛滋病這個「世紀惡魔」的觀點，三辯在自由論辯中提到：「在非洲許多地方，愛滋病已經造成『千山鳥飛絕，萬徑人蹤滅』，對方難道還要讓醫學這個『孤舟蓑笠翁』來『獨釣寒江雪』嗎？」這裡的辯手巧妙進行語言轉換，贏得了熱烈的掌聲。原因當然應歸功於辯手豐富的知識儲備。

█ 良好的心理素養

心理素養是人的綜合素養中，極其重要的因素，它是說話者必須具備的穩定心理特點。良好的心理素養不僅是順利進行脫口表達的前提，也是獲得滿意效果的可靠保證。

心理素養的因素很多，其感覺、知覺、注意、記憶、思維、情緒、情感、性格、氣質等構成的感情流露，都直接影響著脫口表達的效果。心理素養能力主要包括敏銳的觀察力、充分的自信心、良好的記憶力、豐富的想像力和大膽的創造力等。

▌強烈的表達欲望

欲望是人所共有的心理現象，是人們思想行為所共有的內驅力。一般來說，每個人都有言語表達的欲望，該說的話沒說，或說而未能盡興，都會有種莫名的惆悵。因此，我們應盡最大的努力，把自己的思想表達出來，將自己的感情和觀念，透過個人與個人的關係，或透過公眾場合表達出來，讓別人能夠發現你的才能。隨著表達能力的提升，你會逐漸發現真正的自我，你的意志和信心也會跟著提高。表達欲望在人們的交際行為中，發揮巨大的推進作用，它是促使脫口說話走向成功的動因。

第 2 章　贏在機智

在一家咖啡館，大文豪蕭伯納正坐著沉思，他身邊的一位美國金融家說：「蕭伯納先生，告訴我你正在思考什麼，我將付你 1 美元。」

蕭伯納看了他一眼說：「我的思想不值 1 美元。」接著他話鋒一轉，說：「我思考的正是你。」

金融家本想戲弄蕭伯納，卻沒想到在蕭伯納的機智談吐面前，自討沒趣。

領導者每天面對的生活都是全新的，所有事先設計好的「臺詞」不一定能用得上，只有具備機智的談吐，才能在工作與生活中做到遊刃有餘。

學會如何「打圓場」

行車途中，一個陡然的大轉彎很容易造成車禍，人與人之間的對話，若轉彎過猛也易出現「口禍」，「打圓場」是化解「口禍」的有效手段。

需要打圓場的場合總是很多，有時要為自己的過失找圓場，有時要為別人的爭執吵鬧當「裁判」，如果弄得不好，只會火上澆油，不僅無法息事寧人，還會擴大事態。

▌怎麼幫別人打圓場

雙方處於尷尬的境地時，領導者若是以巧妙的角度為雙方打個圓場，可以把凝滯的氣氛轉為輕鬆活潑。

某位詩人和一位青年女作家訪問美國，在一所博物館廣場散步時，恰巧有兩位美國老人在旁休息，看見華人來，他們很熱情地迎上交談。其中一位老人為表達對華人的熱情，熱烈地擁抱了女作家，並親吻一下，女作家十分尷尬，不知所措。另一位老人也抱怨那老人說，華人不習慣這樣。那擁抱過女作家的老人像犯錯似的呆立一旁。老詩人趕快上前微笑著說：

「尊敬的老先生，你剛才吻的不是這位女士，而是東方人，對嗎？」那老人馬上笑道：「對，對！我吻的是東方人！」尷尬氣氛在笑聲中煙消雲散了。

▌怎麼替自己打圓場

為自己打圓場最主要的是不刻意迴避掩飾。如果是枝微末節的問題，不妨用轉移目標或話題的方式岔開別人的注意力，如果別人已有所覺察且問題並不嚴重，就稍做解釋。如果較嚴重，且引起別人的不快甚至反感，就要立即誠懇地致歉，然後較為鄭重地做些解釋，當場予以解決。拖得越久，後果越不好。

▌勸架的原則

兩個朋友爭執，非要你裁決不可，如果逃避，反而會同時得罪兩個人。那麼在勸架時，怎麼做才有效呢？有 3 條原則：

- ◆ 原則 1：不盲目勸架。講不到點上，非但無效，還會引起當事人的反感。要從正面、側面盡可能詳盡地把情況摸清，力求把勸架的話講到當事人的心坎上。
- ◆ 原則 2：要分清主次。吵架雙方有主次之分，勸架不能平均使用力量，要把重點放在措辭激烈、吵得較過分的一方，這樣較為容易平息糾紛。
- ◆ 原則 3：要客觀公正。勸架要分清是非，不能「不分青紅皂白」。若不分是非各打五十大板，籠統地對雙方都批評，這不能讓人心服。

▌「和事佬」的技巧

對無關大是大非的小爭執，身為領導者，不妨採取「和事佬」的策略。「和事佬」有 3 種技巧：

◆ 技巧 1：支離分開。如果雙方火氣正旺，大有劍拔弩張、一觸即發之勢，這時，第三者即可當機立斷，藉口有什麼急事（如有人找，或有急電），把其中一人調走支開，讓他們先不要接觸，等消了火氣，頭腦冷靜下來了，爭端也就趨於平息了。

◆ 技巧 2：欺騙矇混。太真反而會誤事，碰到這種情況，第三者就應隨機應變，以假掩真，然後順水推舟，把難堪的場合轉為活躍、融洽的場面。

◆ 技巧 3：以情致勝。第三者可以拿雙方過去的情分來打動他們，使他們主動「退卻」。或以自己與他們每個人之間的情誼作籌碼，說：「你們都是我的好朋友，你們鬧僵了，讓我也很難過，就看在我的面子上，握手言和吧！」一般說來，雙方都會給第三者這個面子，順臺階而下了。

怎麼靈活採用答話的技巧

　　通常，一個有經驗的領導者，能在接到對方的提問後，迅速思考並選擇一個最佳的回答方法。回答對方提問需要頭腦冷靜，不能被提問者牽著鼻子走。對於提問，能答即答，不能回答的可以迴避。

　　答話的技巧主要是在提問的前提裡。在回答之前一定要認真分析對方問話。如果不加分析，隨口即答，就可能被對方所控制，掉進「語言陷阱」。所以，領導者在回答對方提問之前，分析前提是能成功回答的關鍵。在掌握好前提以後，可以選擇以下幾種回答的方式。

▌設定條件法

　　對方提問的內容，有時可能很模糊，有時很荒誕，甚至很愚蠢，致

使人們很難回答。這時，我們在分析清楚的前提下，可以用設定條件的方法。據說有這樣一個故事。有一天，國王指著一條河問阿凡提：「阿凡提，這條河的水有多少桶？」阿凡提答：「如果桶有河那麼大，那只有 1 桶水；如果這個桶有河的一半大，那麼就有 2 桶水……」。阿凡提回答十分巧妙。因為這個問題很怪，國王故意想難倒阿凡提，他無法直接回答。只能先設一個條件，後說結果。條件不同，結果也就不一樣了。還有例子。

問：「今天有一隻黑貓跟著我，這是不是凶兆？」

答：「那要看你是人還是鼠。」

前者的問話很無知，回答時無法給他詳細的解釋。設定一個條件，其結果不言而喻，而且極幽默地諷刺了問話者的愚昧。

▌答非所問法

答非所問，是回答提問的一種迴避戰術。對方出題提問，希望我們做出明確的回答，我們卻不願意回答他的問題，這時，可以巧妙地轉移話題，答非所問，讓對方無法得到想要的答案。日本女影星去到某國，有人問她：「妳準備什麼時候結婚？」她笑著說：「如果我結婚，就來這裡度蜜月。」她的婚期是個人隱私，她自然不願吐露。雖然沒有告訴婚期，卻說結婚會到「這裡度蜜月」，既遮掩過去，又表現了她對這個國家的友誼。

對一些是非問句的回答，也可以採用反答法。本應答「是」、「有」，卻從「不是」、「沒有」方向回答；本應答「不是」、「沒有」，卻從「有」、「是」方向回答。如：

問：「你和妻子之間有什麼共同之處嗎？」

答：「我倆都是同一天結婚。」

旅行家：「請問，從前有什麼大人物出生在這座城市嗎？」

導遊：「沒有。只有嬰兒。」

第一個例子本應答「沒有」，卻從「有」的方向尋找話題。後者帶有諷刺意味，也是一種答非所問的戰術。

巧借前提法

巧妙地利用對方的問話，在回答時也能收到良好效果。其中仿照和借用問話中的情態和詞語，演變成出人意料的應答，是應付問話的一種較為理想的方法。例如，1972 年 5 月，在維也納一次記者招待會上，《紐約時報》記者向季辛吉提出美蘇會談的程式問題：「屆時，你是打算點點滴滴地宣布呢？還是來個傾盆大雨，成批地發協定呢？」季辛吉停了一會兒，一字一板地答道：「我們打算點點滴滴地發表成批聲明。」會場頓時哄堂大笑。季辛吉巧妙地利用對方的問話，仿照問話的詞句和情態，用幽默風趣的話語與記者周旋。這種方法，很值得領導者借鑑。

言此意彼法

言此意彼，也就是所謂的「雙關」。眾所周知，利用雙關的修辭方法回答，具有含蓄、幽默與諷刺的功能，能收到意想不到的效果。紀曉嵐是中國古代著名的辯才，曾當過朝廷的侍郎。大臣和珅是個奸臣，曾當過尚書，對紀曉嵐的才能十分嫉妒。有一天，紀曉嵐和和珅到公園散步。這時，有隻狗從他倆身邊跑過。和珅指著狗問紀曉嵐：「是狼（侍郎）是狗？」他想利用諧音雙關罵紀曉嵐。紀曉嵐十分機敏，馬上次答：「垂尾是狼，上豎（尚書）是狗。」弄得和珅「偷雞不著蝕把米」，被紀曉嵐也用諧音雙關語戲弄一番。

還有一個故事，其回答的方法也是運用諧音雙關。古時西域獻來獅

子，養於御苑，每日供羊肉 15 斤。有個員外郎叫石中立，隨同僚一同前往觀看。有個同僚問：「這個野畜還給這麼多羊肉。吾輩當官的，每日才不過幾斤，難道吾輩不如牲畜嗎？」石中立說：「你難道連這都分不清？那是苑中獅，吾輩是園外狼（員外郎的諧音），怎可相提並論？」同樣是發牢騷，石中立運用諧音雙關，回答幽默含蓄，比同僚發的牢騷高明得多。

▌否定前提法

對於對方的問話，有時我們不贊成。特別是當對方帶有不友好的態度時，我們需要做出否定的回答。否定回答主要否定對方問話的前提，其中包括觀點、態度和傾向。黑格爾《哲學講演錄》中記載了一個故事：有個詭辯家問梅爾德謨：「你是否停止打你父親了？」這位詭辯家想讓他陷入困境，不管他答「是」或「否」，都會掉進「語言的陷阱」。如果答「是」，就說明他曾打過父親；如果答「否」，那就是他還在打父親。梅爾德謨很聰明，他答道：「我從來沒有打過他。」這個回答完全否定了問話中前提的含義，致使詭辯家嘲笑梅爾德謨的陰謀未能得逞。

▌顛倒語序法

在回答對方發問時，如果將對方的語序略微顛倒一下，就能成為與原來問句的意義截然相反的回答句式。

曾有一位神父問兩位牧師：「你們做禱告時抽菸嗎？」其中一位答道：「我做禱告時抽菸。」結果遭到一頓痛斥。另一位答道：「不，我抽菸時做禱告。」結果得到了神父的讚賞。

其實，兩個人的答語是同樣意思，但答法不同。前者做禱告時抽菸，表現他對上帝的不虔誠。而後者抽菸時做禱告，表現出他能抓緊時間，做禱告十分勤奮，說明他對上帝的忠誠。後者答話的巧妙之處就在於他顛倒

語序，表達出與前者答話截然相反的意義。

　　答是一個智慧的綜合，是領導者憧憬的高層次口才藝術境界。想答得妙，必須注意生活感受的累積，加強對語言的修養。妙答，將使你成為一個令人矚目的領導人物。

妙語反擊無理的行為

　　在工作與生活中，總難免碰到一些無理的語言。你對某人的不良或錯誤行為直接進行責備，他卻反過來與你頂撞。如在一個球場裡，一位大學生的視線完全被前面一位年輕婦女的帽子擋住了，於是他對她說：

　　「請您摘下帽子。」但婦女連頭也不回。「請您摘下帽子。」大學生氣沖沖地重複一遍。「為了這個位子，我花費了15盧布，卻什麼也看不見！」

　　「為了這頂帽子，我花費了115盧布。我要讓所有人都看見它。」年輕的婦女說完，一動也不動地坐著。她有錯在先，卻反而振振有辭地反駁大學生的正常干預。

　　領導者碰到這種無理行為怎麼辦？許多人常常大發一頓脾氣，大罵一頓無賴，可到頭來，對方還是振振有辭，條條有道，「理由」充足得很。你自己倒是氣到手腳發顫，只會說：「豈有此理！豈有此理！」

　　那麼，應該怎麼說話，才能反擊這種無理的行為，讓對方覺得理屈詞窮、無言以對呢？有4點值得注意。

▌情緒平和

　　遇到無理的行為，首先要做到的就是不要激動，要控制情緒。這時心境平和，對反擊對方有重要作用：一是表現自己的涵養與力量，以「驟然

臨之而不驚，無故加之而不怒」的大丈夫氣概，在氣質上鎮住對方。若一下子就動怒，忿然作色，這不是勇敢的行為。古人曰：「匹夫見辱，拔劍而起，挺身而鬥，此不足為勇也。」對方對此不但不會懼怕，反而會對你的失態感到得意。二是能冷靜思考對策，只有平靜情緒，才能從容選出最佳對策，否則人都糊塗了，可能做出莽撞之舉，更別說什麼最佳對策了。

▍反擊有力

對無理行為進行語言反擊，不能說了半天不得要領。要做到打擊點準確，一下子擊中要害；反擊力道要猛，一下子就讓對方啞口無言。

有一個常以愚弄他人而自得的人，名叫湯姆。這天早晨，他正在門口吃麵包，忽然看見傑克森騎著毛驢走了過來。於是，他就喊道：「喂，吃塊麵包吧！」傑克森連忙從驢背上跳下來，說：「謝謝您的好意。我已經吃過早餐了。」湯姆一本正經地說：「我沒問你呀！我問的是毛驢。」說完得意一笑。

傑克森以禮相待，卻反遭一頓侮辱。是可忍，孰不可忍！他非常氣憤，可是又難以責罵這個無賴。無賴會說：「我和毛驢說話，誰叫你插嘴？」於是傑克森抓住湯姆言語中的破綻，進行狠狠的反擊。他猛然轉過身，對準毛驢臉上「啪、啪」就是兩巴掌，罵道：「出門時我問你城裡有沒有朋友，你斬釘截鐵地說沒有，沒有朋友為什麼人家會請你吃麵包呢？」「啪、啪」，對準驢屁股又是兩鞭，說：「看你以後還敢不敢胡說。」說完，翻身上驢，揚長而去。傑克森的反擊力相當強。既然你以你和驢說話的假設來侮辱我，我就姑且承認你的假設，借教訓毛驢來嘲弄你自己建立和毛驢的「朋友」關係，給這個人一頓教訓。

▌含蓄地諷刺

對無理行為進行反擊，可直言相告，但有時不宜鋒芒畢露，露則太剛，剛則易折。有時，旁敲側擊、綿裡藏針反而更見力量，它使對方無辮子可抓，只得自己種的苦果自己吞，在心中暗暗叫苦，就像蘇格蘭詩人彭斯那樣。

有一天，彭斯在泰晤士河畔見到一位富翁被人從河裡救起，富翁給了那個冒著生命危險救他的人 1 塊錢當報酬。圍觀的路人都為這種無恥行徑所激怒，要把富翁再丟入河裡。彭斯上前阻止道：「放了他吧！他自己很了解他生命的價值。」

▌巧妙借用

對無理的行為進行語言反擊，是正義之語與無理之語的對抗。所以，反擊的語言一定要與對方的語言表現出某種關聯，正是在這種關聯中，才會充分表現出自己的機智與力量。要做到雙方語言的巧妙關聯，方法有三。

第一，順其言，反其意。這種方法的效果在於使人感到那個無理之人是引火燒身，搬石頭砸自己的腳。例如德國大詩人海涅因為是猶太人，常遭到無恥之徒的攻擊。在某個晚會上，一個人對他說：「我發現一個小島，這個小島上竟然沒有猶太人和驢了！」海涅白了他一眼，不動聲色地說：「看來，只有你我一起去那個島上，才能彌補這個缺陷。」

「驢子」在南方語言中，常常是「傻瓜、笨蛋」的代詞，面對是猶太人的海涅，將「猶太人與驢」並稱，無疑是侮辱人。可海涅沒有對他大罵，甚至對這種說法也沒有表示異議。相反的，他把這種並稱換成「你我」，這樣就一下子把「你」與「驢」相等了。

　　第二，結構相仿，意義相對。這種方法是在雙方語言的相仿與相對中，表現出極其鮮明的對抗性。如丹麥著名童話作家安徒生一生簡樸，常常戴頂破舊的帽子在街上行走。有個不懷好意的人嘲笑道：「腦袋上的那個玩意是什麼東西，能算是頂帽子嗎？」安徒生回敬道：「你帽子下那玩意是什麼東西，能算是個腦袋嗎？」安徒生的話語和對方的話語結構、語詞都相仿，只是關鍵詞的位置顛倒了一下，顯得對立色彩特別鮮明。

　　第三，佯裝進入，大智若愚。即假裝沒識破對方的圈套，直鑽進去。這種方法的效果是顯出自己完全不在乎對方的那種小伎倆。

　　例如：一個嫉妒的人寫了一封諷刺信給美國著名作家海明威（Ernest Miller Hemingway），信上說：「我知道你現在一字千金，我附上 1 美元，請你寄個樣品來看看。」海明威收下錢，回答一個字 ——「謝！」海明威完全識破對方刁難、侮辱人的行為，但他根本不將此放在眼裡，他就照他人的刁難要求辦理，結果也真讓那人難以下臺。

如何回擊惡意冒犯的人

　　想像一下：當一隻惡犬在你後面窮追時，你該怎麼做呢？你怕牠，拔腿就跑嗎？不行，你越是跑得快，他越是追得緊，說不定等牠真的追到你了，便張開血盆大嘴，狠狠地咬你一口，咬得你皮破血流，再也逃不了為止。

　　在這種場合下，有經驗的人會立刻站住，轉過身去，面向狗。這時，這個勢利的動物也會立刻停住不追，在不遠處瞅著你，說不定還會對你搖搖尾巴，伸伸舌頭，表示牠是認錯了人，對你並沒有惡意。

　　惡毒的譏諷就像那隻狗一樣，牠們開始向你攻擊後，便立刻留心你是

否心虛膽小而想逃避。如果你不留神，暴露了這些弱點，牠們就會覺得你的罪狀是千真萬確、毫無轉圜餘地的，同時牠們的窮追疾趕也會無所顧忌地變本加厲起來。但是，如果你運用了第 2 個對付狗的方法，受到攻擊，立刻轉身相向，你沒有過錯，牠們便會銷聲匿跡。即使你的確有錯，這麼做，也可以表示你承認錯失，且準備立即改正。

每個人都會被人冒犯、衝撞，有些可能是無心的，但有些卻明顯帶著挑釁。對待別人的惡意冒犯，只是一味地針鋒相對，並不是最理想的解決辦法，也要視情況的不同，採取多種對策，避免事態的惡性發展。

怎麼對付別人「揭短」

每個人生活中都有所「短」，情急之下，難免被知情人士揭穿，但「揭短」行徑一般都為人所不齒，認為手法十分低劣，乃小人所為，因此，當你被人「揭短」時，不妨採取 3 種態度。

- **態度 1**：處之泰然。不要羞怯，更不要狼狽不堪，而要保持泰然自若的風度，暫時把「短」拋置一旁，用言談舉止表示對對方「揭短」行徑的輕蔑態度。比如，或與別人說笑，或點起一支菸，端起一杯茶，以冷漠的舉止或眼光表示自己的厭惡。
- **態度 2**：勿以牙還牙。有人一被別人「揭短」，馬上還以顏色，如法炮製地揭起對方的「短」來，結果變成互相揭短，以至丟人現眼，還給旁人留下心胸狹窄的印象。
- **態度 3**：以君子之心度小人之腹。盡量不懷疑他人別有用心。因為在許多場合，你感覺是惡意的冒犯，也許對方往往是脫口而出或即興聯想的玩笑話，根本沒想到會碰巧擊中你的要害。即便對方真的居心叵測，你以君子之心度之，也會及時「制止」他。

怎麼對付別人「整人」

出於各式各樣的目的，有人總喜歡「整」別人，其目的或是為了讓你難堪，或是為了打壓你的風光，或是為了達到他自己的某種目的，或純粹出於無聊。對於被「整」，可採取的對策有 3。

- **對策 1**：防患未然。古人說：「心無備慮，不可應猝」。有人想「整」你，居心叵測，會在言論中有所流露。對那些蛛絲馬跡引起警覺，同時也要透過對方可能利用的「證據」來預防，反思自己的不足，使一觸即發的問題防患於未然。
- **對策 2**：正視現實。如果有人存心「整」你，那麼不管你承認與否、感覺如何，它畢竟是客觀存在，所以必須正視它。若對方是信口開河，請勿動肝火，可一笑了之，或坦誠相談，或用實際行動感化對方。若對方是別有用心，可以在一些公開的正式場合，鄭重地把問題擺到桌面上據理力爭，分清是非，弄個水落石出。
- **對策 3**：蔑視對方。存心「整」人的人，總是心虛，有很多舉動是不敢見光的。當你得知他私下四處攻擊你時，不妨當面指出：他為何不敢光明正大地提出來？以輕蔑的態度向他聲明「身正不怕影子斜」，陰謀被戳穿，別人也就不相信他的遊說了。

怎麼回擊羞辱

有些羞辱是很多人的自尊心所承受不了的，比如別人說：「你有病吧！」、「你父親是怎麼教你的？」、「你是 3 歲小孩嗎？」、「你以為你是誰？」等等。而這類話又是爭執中人人愛用的。當你被別人這樣羞辱時，如果反唇相譏，只會使爭執更加激烈，更多難聽的侮辱性詞語都會破口而出。

被人羞辱時可不甘示弱，但不用像對方那樣，用低級、沒教養的語言，不妨用些既在字面上顯不出羞辱性，又確實能使對方更加無地自容的語言和技巧。

比如：別人說「你父母怎麼教你的」時，不妨說：「我父母教我不可以問這麼沒教養的問題。」別人說：「你有病吧！」你可說：「有，不過離你遠點就好了。」別人說：「難道沒人告訴過你應該……嗎？」你可說：「有，不過，那是一個精神病患者。」等等，可以舉一反三地運用。

▎怎麼回擊當面挑釁

有的人可能會當面向你挑釁，顯得理直氣壯，不容你退避，讓你不得不迎戰他的挑戰，這時別無選擇，不管有無準備都要應戰。可採用 3 種方式。

- **方式 1**：作繭自縛。挑釁者一般都是有備而來，設好圈套等你進入。當對方蓄意製造出一種使人難堪窘迫的局面時，最好的方法是，把對方也引入他自己設下的圈套中，讓其自食其果，作繭自縛。

- **方式 2**：反脣相譏。讓對方搬石頭砸自己的腳。有個笑話，某秀才居心不良地當面問一個和尚：「禿驢的『禿』字怎麼寫？」和尚回答得十分高妙：「就是秀才的『秀』字，把屁股轉過來，往上翹。」

- **方式 3**：迂迴反擊。不糾纏對方的不良動機和不實之詞，而是以客觀事實為依託，從相反的角度進行反擊。比如，在一次聯合國大會上，英國某外交官向前蘇聯外交部長莫洛托夫發難，說：「你是貴族出身，我家祖輩是礦工，我們兩個究竟誰能代表無產階級？」莫洛托夫回答說：「你說得不錯，不過，我們都背叛了自己的階級。」

怎麼應對咄咄逼人的語言

許多沒經驗的主管常常被員工或同事咄咄逼人的話語逼入死角，其慘狀極尷尬。咄咄逼人的談話，對方一般是有備而來，或有信心戰勝你。他的談鋒通常是指向一個地方，對你的要害部位實行「重點攻擊」，會令人一開始就處於被動位置。對付的辦法有很多種，你可以根據情況的不同加以選擇。

▌把球踢給對方

這是談話中要運用的一個很普遍、很實用的技巧。當對方的問題很難回答，問的角度很刁鑽，你回答肯定、否定都可能出錯時，那就不要回答，把問題再還給對方，從哪個地方踢來的球，再踢回到那裡，將對方一軍。

比如，有國王故意問阿凡提：「人人都說你聰明，不知是真是假？如果你能數清天上有多少顆星星，我就認為你聰明。」阿凡提說：「如果你能告訴我，我騎的毛驢身上有多少根毛，我就告訴你天上有多少顆星星」。

▌裝作退卻，設計陷阱

假如對方的問話是你所必須回答、不能推辭的，而又要對方跟著你的思路走，你可以裝退卻，對方乘機逼過來，你把他帶得遠了，讓他完全進入圈套，然後再回過頭來反擊他。

▌打擦邊球

打擦邊球的技巧就是給對方一個模棱兩可的回答，好像打乒乓球時打出的擦邊球。面對咄咄逼人的追問，你就還以擦邊球式的回答，看起來與

對方的問題不相干，幾乎沒有回答他的追問，但又確實與此有關，使對方
不能對你進行無理的指責。

▎針鋒相對

針鋒相對，即是以對方同樣的火力向對方進攻。對方提什麼問題，你
就給予十分肯定或否定的回答，絲毫不退讓，一點也不拖沓，也不拖泥帶
水，使對方無理可言。

▎胡攪蠻纏

胡攪蠻纏是當你理虧時，被對方逼到死角，而又實在不想失面子，就
可以亂纏一番，把無理的說成有理的，把本來不相干的事物連結在一起，
說成是很有關聯的事物，把不可能解決、不好解決的問題，與你的問題扯
在一起，以應付對方的連串進攻。

胡攪蠻纏是不得已的方法，在某種程度上是不正當的，卻也不失為自
我保護的方法，特別是當對方欺人太甚、絲毫不留情面的時候。另外，用
胡攪蠻纏的方法，可以先拖住對方，以便有時間考慮真正應付的辦法。

▎後發制人

這是使自己能站穩腳跟最有效的辦法。在古代哲學中，關於「以靜制
動」、「反守為攻」的論述很多。每個人也許都有這樣的經驗：先把拳頭
縮回來，到一定程度，看準了對方，再猛烈地打過去，這樣才能打得準，
打得狠。

後發制人一般在以下兩種情況下施行，反攻最為有效：

◆ **當對方到了已經不能自圓其說的時候**：咄咄逼人者，其開始時鋒芒畢
露，也許你根本找不到他的破綻。但是，你應該抱持一種觀念，他總

有不攻自破的地方，總是有軟弱的地方，只是你還沒發現而已。等待時機，一旦其鋒芒收斂，想稍作喘息時，你就可以反攻了。

◆ **當對方已是山窮水盡的時候**：這時就是對方已經把要進攻的全部進攻完畢，把要打擊你的部位打擊完畢，而後發現，他連你「傷口」的部位都還沒找到。其鋒芒所指無非是微不足道的小錯誤，或其打擊的部位亦不全面，從本質上動搖不了你，這就是所謂的「山窮水盡」。他技窮之時，也是你反守為攻之時。

▋ 抓住一點，絲毫不讓

這是在你幾乎無計可施的時候。對方話鋒之強烈，火藥味之濃，讓你無法反擊。他提出重大問題，你卻無法一一回答，這種情況下怎麼辦？迅速找到他談話內容中的一個小漏洞，即使再微不足道也無所謂，可以把這一點無限擴大，使其不能再充分展開其他方面的進攻。你就在這一點上，來回與他周旋，並迅速地想出應付其他問題的辦法。

努力避免無謂的爭辯

每個人都會遇到不同於自己的人，大至思想、觀念、為人處事之道，小至對某人、某事的看法與評判。這些程度不同的差異，可能會轉化成人與人之間的爭執與辯論，任何獨立的、有主見的人都應正視這個問題。

留心我們的周圍，爭辯幾乎無所不在，一場電影、一部小說都能引起爭辯；一個特殊事件、某個社會問題也能引起爭辯；甚至某人的髮型與裝飾也可能引發。而且，爭辯往往留給我們的印象是不愉快的，因為爭辯的目標指向很明確：每一方都以對方為「敵」，試圖以自己的觀念強加於別人。

所以，爭論不適合個人與個人之間，但如果是用於團體之間，像辯論會似的，又應另當別論。比方說：由最近發生的某個社會問題而引起兩者間的爭論，最後，雖然你用某種事實或理論來證明你的意見是正確的，你透過爭論的手段達到了勝利的目的，使他啞口無言，但你卻萬萬不可忽略，他不一定就放棄他的思想來信奉你的主張。因為，他在心裡所感覺到的，已經不是誰對誰錯的問題，而是對你駁倒他懷恨在心，因為你讓他的顏面掃地了。

這樣看來，雖然你得到了口頭上的勝利，但和那位朋友的友情，卻從此一刀兩斷。比較之下，你會不會覺得，當初真是有欠考慮，僅僅為了口頭上的勝利而得罪了一個朋友 —— 如果那位朋友被小人挑撥，說不定他正在伺機報復呢！

有些人在和朋友翻臉之後，明知大錯已鑄成，也故作不後悔，還常這樣認為：「這樣的朋友不要也罷。」其實這對你又有什麼好處呢？但壞處卻很快可以看到，因為和別人結上怨仇，你就少了一位傾吐心事的人。

這種現象我們應該盡一切可能去避免。

基於上述理由，當一場唇槍舌劍的爭辯到來之前，你必須先冷靜地考慮一番，弄清楚以下幾個事項。

◆ 這次爭辯的意義。如果是一些根本就很不相干的小事情，我們還是避免爭論為妙。

◆ 這次爭辯的欲望是基於理智還是感情上（虛榮心或表現慾等）？如果是後者，則不必爭論下去了。

◆ 對方對自己是否有深刻的成見？如果是的話，自己這樣豈不是雪上加霜？

◆ 自己在這次爭論中，究竟可以得到什麼？究竟又可以證明自己什麼？

　　一位心理學家曾經說過：「人們只在不關痛癢的舊事情上才『無傷大雅』地認錯。」這句話雖然不勝幽默，但卻是事實。由此也可以證明：願意承認錯誤的人是少的 —— 這就是人的本性。

　　現在就讓我們姑且認為這次爭論是一次積極爭論，也就是說，它值得我們去爭論。但是在這過程中，我們仍需時時掌控自己。因為在爭論中最容易犯的毛病，就是常常自認自己的觀點才是世界上最正確的，只顧闡述自己的觀點，而忽略了要耐心誠意地去聽取別人的意見。

　　這往往就可能使善意的爭論變成有針對性的爭論。需要強調一下，這種現象是很危險的，也很常見。因為即使是最善意的爭論，也是由於雙方的觀點有分歧而引起的。所以在一開始，雙方就是站在對立的立場上，對於對立的論點，根本就不加以分析，而一味地表述自己的看法。

　　如此一來，爭論過程中就難免會有情緒激動、面紅耳赤，甚至去翻對方的陳年老底。所以，當雙方都各執己見、觀點無法統一的時候，你應當控制情緒，掌控自己，把不同的看法先擱下來，等到雙方較冷靜時再辨明真偽。也許，等到你們平靜的時候，說不定會相顧大笑各自的失態呢！

　　而在當你勝利的時候，你也應該表現出自己的大將風度，不應該計較剛才對方對你的態度。爭辯是一回事，而交情又是一回事，切切不可混為一談。當他向你認錯時，也萬萬不該再逼下去，以免對方惱羞成怒。

　　爭辯結束後，你也應該顧及對方面子，可以給對方一支菸、一杯茶，或要求他幫點小忙，這樣往往可以令他恢復愉快的心理。

言語失誤時要巧妙化解

　　寫錯的字可以塗改，說錯的話卻如飛出去的箭無法回頭。因此，領導者脫口而出的話要謹防失當。世上沒有打仗的常勝將軍，說話亦如此，即

使是在競選中脫穎而出的美國前總統福特（Gerald Rudolph Ford），也說過昏話、胡話，其他的人就更不用說了。下面我們將談談領導者在言語失當時，如何巧妙化解。

▌及時改口

　　歷史和現實中，許多能說會道的名人在失言時仍死守自己的城堡，因而慘敗的情形不乏其例。比如 1976 年 10 月 6 日，在美國福特總統和卡特共同參加、為總統選舉而舉辦的第 2 次辯論會上，福特對《紐約日報》記者關於波蘭問題的質問，作了「波蘭並未受蘇聯控制」的回答，並說「蘇聯強權控制東歐的事實並不存在」。這一發言在辯論會上屬明顯的失誤，當時立即遭到記者反駁。但反駁之初，記者的語氣很委婉，意圖給福特更正的機會。他說：「問這一件事我覺得不好意思，但是您的意思是在肯定蘇聯沒有把東歐化為其附庸國？也就是說，蘇聯沒有憑軍事力量壓制東歐各國？」

　　福特如果當時明智，就應該承認自己失言並偃旗息鼓，然而他覺得身為一國總統，對全國的電視觀眾認輸，絕非善策，於是繼續堅持，一錯再錯，最後為那次即將到手的當選付出了沉重的代價。刊登這次電視辯論會的所有專欄、社論都紛紛對福特的失策作了報導，他們驚問：

　　「他是真正的傻瓜呢？還是像隻驢子一樣的頑固不化？」

　　卡特也乘機把這個問題再三提出，鬧得天翻地覆。

　　高明的論辯家在被對方擊中要害時絕不強詞奪理，他們或點頭微笑，或輕輕鼓掌。如此一來，觀眾或聽眾弄不清他葫蘆裡藏的是什麼藥。有的從某方面理解，認為這是他們服從真理的良好風範；有的從另一方面理解，又以為這是他們不屑辯解的豁達胸懷，而究竟他們認輸與否尚是未知的謎。這樣的辯論家即使要說也能說得很巧，他們會向對方笑道：「你講

得好極了！」

　　相比之下，美國總統雷根訪問巴西，由於旅途疲乏，年歲又大，在歡迎宴會上，他脫口說道：

　　「女士們，先生們！今天，我為能訪問玻利維亞而感到非常高興。」

　　有人低聲提醒他說錯話了，雷根連忙改口道：

　　「很抱歉，我們不久前訪問過玻利維亞。」

　　儘管他並未去玻利維亞。當那些不明就裡的人還來不及反應時，他的口誤已經淹沒在後來的滔滔大論之中了。這種將說錯的地點、時間加以掩飾的方法，在某種程度上避免了當面出醜，不失為補救的有效手段。只是，這裡需要的是及時發現、改口巧妙的語言技巧，否則想化解難堪，也是困難的。

　　在實踐中，遇到這種情況，有 3 個補救辦法可供參考。

- **移植法**：就是把錯話移植到他人頭上。如說：「這是某些人的觀點，我認為正確的說法應該是……」這就把自己已出口的某句錯誤糾正過來了。對方雖有某種感覺，但是無法認定是你說錯了。
- **引申法**：迅速將錯誤言詞引開，避免在錯中糾纏。就是接著那句話之後說：「然而正確說法應是……」，或者說：「我剛才那句話還應加入以下補充……」，這樣就可將錯話抹除。
- **改意法**：巧改錯誤的意義。當意識到自己講錯話時，乾脆重複肯定，將錯就錯，然後巧妙地改變錯話的含義，將明顯的錯誤變成正確的說法。

▎顧左右而言他

某校某班在一次考試中，數學和英文成績突出，名列前茅。校長在評功總結會上這樣說：「數學考得好，是老師教得好；英文考得好，是學生基礎好。」

在座老師聽罷沸沸揚揚，都認為校長的說法有失公正。李老師起身反駁：「同一班級，師生條件基本上相同。相同的條件產生了相同的結果，原是很自然的事，不公平的對待，實在令人費解。原有的基礎與爾後的提升有相互關聯，不能設想學生某一學科基礎差，而能提升得快；也不能設想學生某一學科基礎好，不需要良好的教學就能提升。校長對待教師的勞動不一視同仁，將不利於團結，不能引發廣大教師的積極度。」

會場有人輕輕鼓掌，然後是一陣靜默。而靜默似乎比掌聲對校長更有壓力的挑戰意味。校長沒有惱怒，反而「嘿嘿」地笑起來，他說：「大家都看到了吧！李老師能言善辯，真是好口才。很好，很好！言者無罪，言者無罪。」

儘管別人猜不透校長說這話的真實意思，然而卻不得不佩服他的應變能力：他為自己鋪了臺階，而且下得又快又好。聽了上述回答後，無人再就此問題對校長追擊。

要撤退，就不宜作任何辯解，辯解無異於作繭自縛，結果無法擺脫。

▎巧妙轉換話題

錯話一經出口，在簡單的致歉之後立即轉移話題，有意藉著錯處加以發揮，以幽默風趣、機智靈活的話語改變現場氣氛，使聽者隨之進入新的情境中去。

曾有一個新畢業的大學生去某合資公司求職，負責接待的先生遞來

名片。大學生神情緊張，匆匆一瞥，脫口說道：「滕野先生，您身為日本人，拋家別舍，來華創業，令人佩服。」那人微微一笑：「我姓滕，名野七，道地的本國人。」大學生面紅耳赤、無地自容，片刻後，神志清醒，誠懇地說道：「對不起，您的名字讓我想起了魯迅先生的日本老師——藤野先生。他教魯迅許多為人治學的道理，讓魯迅受益終生。希望滕先生日後也能時常指教我。」滕先生面帶驚奇，點頭微笑，最終錄用了他。

▌將錯就錯

這種方法就是在錯話出口之後，能巧妙地將錯話續接下去，最後達到糾錯的目的。其高妙之處在於，能夠不動聲色地改變說話的情境，使聽者不由自主地轉移原先的思路，不自覺地順著我之思維而思維，隨著我之話語而調動情感。

紀曉嵐稱皇上為「老頭子」，不巧被皇上聽到，龍顏大怒。紀曉嵐急中生智，說：「皇上萬歲，謂之『老』；貴為至尊，謂之『頭』；上天之子，謂之『子』。」皇上聽了，轉怒為喜。

紀曉嵐的將錯就錯令人叫絕。錯話出口，索性順著錯處接下去，反倒巧妙地改換了語境，使原本輕慢的失語化作尊敬的稱呼，頗有點石成金之妙。

▌借題發揮

素有「東北虎」之稱的張作霖雖然出身草莽，卻粗中有細，常常急中生智，突施奇招，使本來糟透了的事態轉敗為勝。

有一次，張作霖出席名流集會。席上不乏文人墨客和附庸風雅之人，而張作霖則正襟危坐，很少說話。席間，有幾位日本浪人突然聲稱：「久聞張大帥文武雙全，請即席賞幅字畫。」張作霖明知這是故意刁難，但在

大庭廣眾之下,「盛情」難卻,就滿口應允,吩咐筆墨侍候。這時,席上的目光全都集中在張作霖身上,幾個日本浪人更是掩飾不住譏諷的笑容。只見張作霖瀟灑地踱到案桌前,在滿幅宣紙上,大筆揮寫了一個「虎」字,左右端詳了一下,倒也勻稱,然後得意地落款「張作霖手黑」,躊躇滿志地擲筆而起。

那幾個日本浪人面對題字,一時丈二金剛摸不著頭腦,不由得面面相覷。其他在場的人也是莫名其妙,不知何意。

還是機敏的會議祕書一眼發現紕漏,「手墨」(親手書寫的文字)怎麼成了「手黑」?他連忙貼近張作霖身邊低語:「大帥,您寫的『墨』字下少了個『土』,『手墨』寫成了『手黑』。」張作霖一瞧,不由得一愣,怎麼把「墨」寫成了「黑」啦?如果當眾更正,豈不大煞風景?還會留下笑柄。這時全場一片寂靜。

只見張作霖眉梢一動,計上心來,他故意大聲喝斥祕書道:「我還不曉得『墨』字下面有個『土』?因為這是日本人索取的東西,不能帶土,這叫寸土不讓!」語音剛落,立即贏得滿堂喝彩。

那幾個日本浪人這才領悟出意思,越想越覺得沒趣,又不便發作,只得悻悻退場。

第 3 章　幽默的談吐風格

幽默是什麼？

幽默是一種人生觀，是積極向上、超脫練達的人生觀；幽默又是一種胸懷，是海納百川的胸懷；幽默還是一種氣度，是高瞻遠矚、俯看眾生的氣度；幽默也是一種智慧，是眾人皆醉我獨醒的智慧。最重要的，幽默是一種品格，是修養、情操與知識蘊藏高深的綜合品格。有一位人文學家就這樣說過：「幽默是比握手進步得多的文明。」

也可以說，幽默是上乘功夫。

如果人可以分成生動的人和枯燥的人，那麼富有幽默感的人，可謂是生動的人。與生動的人相處會使你感到愉快，而與缺乏幽默感、枯燥的人相處，則是一種負擔。「酒逢知己千杯少，話不投機半句多」這句話，如果可以借用，不是也可以證明這點嗎？

我們身處飛速發展、競爭激烈的年代，每天都要面對來自事業、生活、家庭諸方面的壓力，每時每刻都被焦躁、鬱悶與不安的情緒侵襲。如果一不留神，就肆意地在上司、同僚乃至家人面前宣洩一番，結果是影響了事業的發展，失去了和睦的社會氛圍，也釀造了不少家庭悲劇。

如果我們是一個幽默的人呢？如果我們以幽默的態度來面對呢？如果我們幽默地來化解這些紛亂呢？

得體的幽默不僅可以消弭工作中的矛盾，而且可以更加融洽工作氣氛，激發幹勁，創出佳績。一個幽默的主管，更容易成為一個讓周遭欣賞與愛戴的領導者。

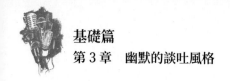
幽默是一種高雅的風度

　　有一位年輕人最近當上董事長。上任第一天，他召集公司職員開會。他自我介紹說：「我是傑瑞，是你們的董事長。」然後打趣道：「我生來就是個領導人物，因為我是公司前董事長的兒子。」參加會議的人都笑了，他自己也笑了起來。他以幽默來證明他能以公正的態度來看待自己的地位，並對之具有充滿人情味的理解。實際上他委婉地表示了：正因為如此，我更要跟你們一起好好地工作，讓你們改變對我的看法。

　　有時確實需要以有趣並有效的方式來表達人情味，給人們提供某種關懷、情感和溫暖。據說有位大法官，他寓所隔壁有個音樂迷，常常把音響的音量放大到讓人難以忍受的程度。這位法官無法休息，便拿著一把斧頭，來到鄰居門口。他說：「我來修修你的音響。」音樂迷嚇了一跳，急忙表示抱歉。法官說：「該抱歉的是我，你可別到法院去告我，看我把凶器都帶來了。」說完兩人像朋友一樣笑開了。

　　這位法官並不是想把鄰居的音響砸壞，他是恰當地表達了對鄰居的不滿 —— 請注意：是對音響而不是對人。他的行為似乎是對音樂迷說：「我們是朋友，我希望和你好好相處，至於音響，可以修理一下。」當然，所謂「修理」只是把音響的聲音轉低一點罷了。

　　幽默是精神的緩衝劑。高尚的幽默，可以淡化矛盾，消除誤會，使不利的一方擺脫困境。世界幽默大師蕭伯納有一次在街上被一個騎自行車的人撞倒了。肇事者嚇得六神無主，驚慌之中連忙向蕭翁道歉。然而蕭翁卻對他說：「先生，你比我更不幸，要是你再加點勁，那就可以作為撞死蕭伯納的好漢而永遠名垂史冊啦！」一句話使緊張的氣氛變得輕鬆起來。

　　幽默，是社交場合裡不可缺少的潤滑劑，可以使人們的交往更順利、更自

然、更融洽。

　　幽默是健康生活的調味品。在公眾場合和家庭裡，當發現不協調，或對一方不利的現象時，超然灑脫的幽默態度往往可以使窘迫尷尬的場面在笑語歡聲中消失。夫妻間的幽默還有特殊功能：在一方心情惡劣或雙方發生衝突時，刺激性的語言無疑是火上加油，即便是喋喋不休的規勸，也會事倍功半。而此時一個得體的小幽默，卻常常能使其轉怒為喜、破涕為笑。

　　幽默往往是有知識、有修養的表現，是一種高雅的風度。舉凡善於幽默者，大多也是知識淵博、辯才傑出、思維敏捷的人。他們非常注意有趣的事物，懂得開玩笑的場合，善於因人、因事而開不同的玩笑，令人耳目一新。

　　領導者想培養幽默感，就得以一定的文化知識、思想修養為基礎，多學習那些詼諧、風趣的人開玩笑的方式。至於那些性格內向、做事過於認真呆板的人，要學會欣賞別人的幽默，在社交過程中盡量讓自己輕鬆、灑脫、活潑，想辦法將話說得機智、委婉、逗笑。當然，剛開始嘗試時會感到不自在，但只要坦率、豁達地在與朋友的交往中不斷實踐，便會變得自如，幽默感往往會油然而生，使交往更加情趣盎然。

　　善於理解幽默的人，容易喜歡別人；善於表達幽默的人，容易被他人喜歡。幽默的人易與人保持和睦的關係。現實生活中常常不乏令人頭破血流仍得不到解決的問題，但是，如果來點幽默，往往會迎刃而解，使同事之間、夫妻之間化干戈為玉帛。幽默還能顯示自信，提升成功的信心。信心有時也許比能力更重要。生活的艱難曲折極易使人喪失自信，放棄目標，若以幽默對待挫折，卻往往能重新揚起未來希望的風帆。

　　真正的幽默是一門學問，是科學，並不僅僅是引人發笑，因為引人發

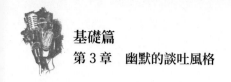
笑並不都是幽默。幽默的前提是諧趣，必然有滑稽的因素，人們能認知到的一切似乎是種突然的領悟，是一種愉快感的具體感受。幽默的智慧是理智，它能將現實生活的豐富經驗、敏銳的洞察力、廣闊的知識融合起來，揭示出現實生活中的特殊矛盾，從中發掘喜劇情趣，創造出美妙的幽默。

幽默的力量

西方政界領袖和社會名流很重視自己有無幽默才能。他們認為幽默是智慧、才能、學識和教養的象徵，是自我表現、取悅於民的極佳手法。對於總統競選、當眾論辯、演講致詞、社會交往等活動，必須充分顯示自己的幽默感。一句得體的俏皮話，立刻就會讓你和聽眾之間的距離縮短，獲得好感；幾句對付難題的機智問答，不但會使自己一下子擺脫困境，還會體現美好的自我形象，獲得人們的同情和讚美。所以，在許多國家，不僅總統有幽默顧問，社會各界還創辦各種新奇的報刊、活動和組織，如幽默雜誌、幽默協會、幽默俱樂部、笑話公司、設有開心護士的幽默診所等等。人們借此消除疲倦，增進健康，鬆弛緊繃的心弦，開展社會交往活動。對政客與領導者來說，幽默具有以下 3 個正面的力量。

▌使人際交往變得更順利

心理學家認為，除了認知和勞動外，交際是形成個性的重要活動。幽默，在某種意義上來說，是人與人交往的潤滑劑，它可以使人們的交際變得更順利，更自然。

下面這種情況，在生活中是屢見不鮮的。某人打算向自己的朋友提出一個要求，但又不知道對方能不能應允。當然，這個要求一旦被對方拒絕，定然令人難堪，甚至會危及多年的友誼。而幽默往往是解決這種困窘

的最好辦法，也就是說，他應該以開玩笑的方式提出自己的要求。如果那個熟人因種種原因不可能或不願意滿足這一要求，他同樣可以以開玩笑的方式婉轉地予以拒絕。這樣，任何一方都不會感到太為難，或自尊心受到損害。如果以幽默的方式提出的要求被對方應允了，那麼，兩人經過半開玩笑的一番交談後，便可轉入嚴肅認真的討論。這時幽默成為一種不得罪人的「偵察方式」，達到試探功能。

幽默能穩定集體的情緒，特別是當一個集體正醞釀一場衝突時。這時，恰到好處地說幾句幽默風趣的話，能緩和緊張的氣氛，使劍拔弩張的情緒平穩下來。

著名的挪威探險家在為「野馬號」挑選乘員時，就十分注意他們是否有足夠的幽默感。他曾經這樣寫道：「狂暴的寒風、低沉的烏雲、瀰漫的風雪，與6個由於性格不同、主張不一的人組成的團隊可能出現的威脅相比，只是較小的危險。我們6個人將乘坐木筏，在洶湧的洋面上漂流好幾個月。在這種條件下，開開有益的玩笑，說幾句幽默的話，對我們來說，其重要性絕不亞於救生圈。」

▌幽默地化解尷尬

英國前首相威爾遜與一個小孩有過一件趣事。

有一天，威爾遜為了推行其政策，在一個廣場上舉行公開演說。當時廣場上聚集了數千人，突然從聽眾中扔來一個雞蛋，正好打中他的臉。安全人員馬上下去搜尋鬧事者，結果發現扔雞蛋的是一個小孩。威爾遜得知後，先指示員工放走小孩，後來馬上又叫住了小孩，並當眾叫助手記錄下小孩的名字、家裡的電話與地址。

臺下聽眾猜想，威爾遜是不是要處罰小孩子，於是開始騷亂起來。這時威爾遜要求會場安靜，並對大家說：「我的人生哲學是要在對方的錯誤

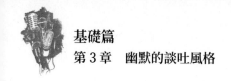

中，發現我的責任。方才那位小朋友用雞蛋打我，這種行為是很不禮貌的。雖然他的行為不對，但是身為首相，我有責任為國家儲備人才。那位小朋友從下面那麼遠的地方，能夠將雞蛋扔得這麼準，證明他可能是一個很好的人才，所以我要將他的名字記下來，以便讓體育大臣注意栽培他，使其將來成為國家的棒球選手，為國效力。」威爾遜的一席話，把聽眾都說樂了，演說的場面也更加融洽。

　　也許有人會說，威爾遜是小題大做、故弄玄虛。但不管怎麼說，他懂得從別人的過錯中發掘長處，積極尋找具有建設性的建議，不僅讓不愉快的事情隨風而逝，還將壞事化為好事，幫助自己擺脫尷尬的境地。拋開其他而不論，多數聽眾認為，威爾遜對待小孩子的幽默，是非常可貴的。

▌在輕鬆中達到教育的目的

　　幽默式批評就是在批評過程中，使用富有哲理的故事、雙關語、形象的比喻等，緩解批評的緊張情緒，啟發被批評者的思考，增進相互間的情感交流，使批評不但達到教育對方的目的，同時也能創造輕鬆愉快的氣氛。

幽默甚至可能化敵為友

　　在美國歷任總統中，林肯以其機智、幽默和睿智而聞名於世。

　　有一次，一位從俄亥俄州來的鄉紳，名叫白蘭德，在謁見林肯總統時，曾陷於難堪的窘境。

　　當他與林肯談話時，有一隊士兵來到總統府門外，列隊站立，等待林肯總統訓話。

　　林肯請白蘭德一道出來，倆人邊走邊談，來到迴廊時，軍士們齊聲歡

呼，一副官趨至白蘭德面前，請他退下數步。此時林肯機智幽默地對來客說：「白蘭德先生，您得知道，他們有時也許分辨不出誰是總統呢！」

在那令白蘭德難堪的一瞬間，林肯用他善意的幽默，挺身而出解救了來客。他只拿自己開了一個小玩笑，便使窘迫局面化為會心愉快的微笑。使他的客人，代表一個州民眾和鄉紳的白蘭德，內心感到非常溫暖，對林肯的敬意也油然倍增。誰都知道幽默的價值在於使人怡然自若，從而博得他人的好感。像林肯一樣，許多領袖人物都以善於引人愉悅而著稱於世，幽默已成為他們公認的馭人方法之一。

要了解他們的策略，必須牢記這個事實：幽默是一種鋒利的工具，它可以用來引人笑樂，也可以用來攻擊他人。從曾駐義大利大使的佛萊奇生涯裡，我們可以找到一則顯示出幽默力量的實例。佛萊奇只用一句戲言，便做成了兩件事：他不但籠絡了一群人而取得外交上的勝利，同時，還以其機警和睿智，懲罰了一個有意尋釁的人。

在某次局勢緊張之際，佛萊奇被任命為駐智利大使。外交部長柯林斯說：「前任大使已經撤回，之所以再派佛萊奇出任大使，是為了力圖避免戰事於萬一。」

佛萊奇的朋友，巴西駐智利大使把他帶到當地著名的上流俱樂部，介紹他與眾紳商顯貴相見。但這幫智利名流毫無誠意地上前與他握手，有一個顯貴公開說他願意歡迎以私人名義，而不是以美國政府代表資格前來的佛萊奇。這人不知道佛萊奇會講西班牙語，又操弄西班牙語對其朋友說：「至於我對他的國家，則連一根鞋帶也不願買。」

佛萊奇始終不發一語，讓那人表演下去。終於，他的機會來了。當俱樂部主人出於禮節邀請他作即席演講，談談他此次上任的使命和目標時，佛萊奇便毫不推辭地用西班牙語向聽眾講話。他說：「諸位先生，我覺得

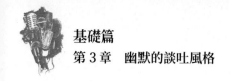
我的使命已歸失敗。在這年頭，外交的主要目的之一，便是改善兩國間的貿易關係。可是我現在又能做什麼呢？在我到此的第一天，我就發現那鞋帶市場已被人摧毀殆盡了。」

這些善感敏銳的南美人聽到他操其口音說話，已覺詫異，再加上他的妙語解頤，一句辛辣譏諷自嘲的幽默反擊，不由得哄堂大笑起來，拿著他們的國人當笑柄，同時對他的態度大變，歡迎他們的美國貴賓參加其俱樂部的活動。

後來，那曾經故意挑釁，汙蔑美國的顯貴，變成了美國最好的朋友和擁護者之一，同時，那一半是由聖地牙哥紳商顯達所盤踞的智利政府，變得對佛萊奇言聽計從，從而解決了雙方所有僵持不下的懸案，使兩國和好如初，避免了不必要的糾紛和衝突。

佛萊奇能使這些智利人以他們的同胞為笑柄而恣意戲謔，他巧妙地嘲弄了一個人而博得大眾的好感，且這個人後來由冤家對頭變成朋友，顯然不只是因為他也覺得那對他的嘲諷詼諧有趣，而是因為他已受到相當的懲戒，從內心深處意識到自己的狂妄無禮，並尊重代表美國的佛萊奇，其機智幽默和人格的高尚了。

要把幽默用得得體，得先把下列問題自省一下：我們所取笑的對象是誰？他們的取笑對他將發生什麼影響？

美國前總統柯立芝，早年在麻省阿模斯特大學曾當選畢業年級說笑冠軍，那時他便學得了這一教訓。

他說：「我們年級用投票法選出 3 個人在舉行授學位儀式上發表演說。我被委派任所謂『林中演說』，照沿襲下來的慣例，是用詼諧幽默的措辭歷述本級的歷史。我的努力雖然很成功，博得滿堂喝彩，但我立刻就明白了公然取笑他人，絕非保全或增進友誼之道，因此從那以後，便小心避免

這類情況。」

詼諧玩笑，足以傷人感情，這是大家所共知的。當我們嬉笑戲謔時，必針對某一對象，尤以針對某人為多。小孩子看見我們滑跌在冰上便嬉笑不止；我們看見漫畫家幫總統名流畫的惡作劇畫像也會忍俊不禁，啞然失笑。凡是嬉笑戲謔必有笑柄，我們覺得某人某事好笑，就因為那笑柄無形中抬高了自我，給我們勝過他人的一種快意，因而使我們心中充滿洋洋自得的感覺。一瞬間，我們的煩惱頓消，自我得到一時的滿足，這就是恰到好處的幽默具有的力量，當然這是抬高自我的效果。但是如果從被當成笑柄之人的角度來看，情況就遠遠不是這樣。不適當的過火戲謔玩笑，會讓被當成笑柄的人物感到自尊受到傷害，這也是幽默所具有的鞭笞功效。

羅洛從未洞悉這一事實。據勞倫斯說，這便是他生平的「小小悲劇」。他也像柯立芝一樣，覺得大學裡的詼諧演說，足以引起人的厭惡感。但他在這次演說中所引起的惡感非常深切，竟使那儀式不得不猝然中止。而羅格則始終知而不行，在畢業中以其冷嘲熱諷，無意中激起人們的憎恨。對他人的自我，最乖巧的攻擊，便是把他當笑柄。反話、諷刺、譏笑都是有力的進攻武器，運用它們，能給冷落、冒犯我們的尋釁者無形的威懾，並壓倒他們的囂張氣焰。

有一種必能得人好感的詼諧手段，便是前面所述林肯所用的自嘲。他戲謔自己，從而使旁人笑樂。這是領袖所採用的一種手段，取笑自己的好處是，絕不會鬧出亂子。

還有一種好意的幽默，可從前總統柯立芝的另一則軼事中得之。有一年夏天，柯立芝避暑於黑山，他告知新聞界，7月4日是他的生日，屆時將舉行盛大宴會，邀請全體新聞記者一起赴會。

每個人都很高興。有人問他那晚是否準備了煙火。

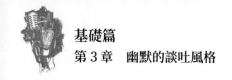

「不，」柯立芝眨著雙眼，「我們還是把煙火留給記者先生們去放吧！」

柯立芝拿記者開玩笑，但是他對記者的諷刺是得體善意的，這幾乎等同於恭維記者們可以妙筆生花，報導新聞就像施放煙火一樣令人為之目眩。

最後要談的便是充溢於報紙遊戲文字欄中的那一類詼諧了。此種詼諧可謂萬無一失，原因是，成為諷刺的目標或理想中的人物不在眼前，不是某個可對號入座的個人。許多領袖和文人善於應用這種詼諧，用以針砭時事，鞭辟醜惡，揚善抑惡，發表政見，整肅綱紀等等。

戲謔玩笑之所以會引起好感，在於其能設身處地為被笑的人著想。凡是小心不使其笑謔的對象有失尊嚴的人，便得益於幽默而不貽後悔，凡是超越這一界限，傷害別人感情的人，便不但得不到幽默之利，反而釀成仇隙，令人抱恨了。

好意的幽默使人高興而自在，它是緩和緊張局勢，聯絡人們感情的不二法門呢！

要掌握幽默的分寸

無論是工作場合還是生活中，開個得體的玩笑，可以鬆弛神經，活躍氣氛，創造出輕鬆愉快的氛圍，因而幽默的人常能受到人們的歡迎與喜愛。不過，幽默也應該有分寸。

▌內容要高雅

笑料的內容取決於玩笑者的思想情趣與文化修養。內容健康、格調高雅的笑料，不僅給對方啟迪和精神的享受，也是對自己良好形象的有力塑造。

█ 態度要友善

與人為善是開玩笑的原則，開玩笑的過程是感情互相交流傳遞的過程，如果藉著開玩笑對別人冷嘲熱諷，發洩內心厭惡、不滿的感情，那麼除非是傻瓜才無法識破。也許有些人不如你口齒伶俐，表面上你占上風，但別人會認為你無法尊重他人，從而不願與你交往。

█ 行為要適度

開玩笑除了可借助語言外，有時也可以透過行為動作來逗別人發笑。有對小夫妻，感情很好，整天都有開不完的玩笑。一天，丈夫擺弄鳥槍，對準妻子說：「不許動，一動我就打死你！」說完扣了扳機。結果，妻子被意外地打成重傷。可見，玩笑千萬不能過度。

█ 對象要分清

同樣一個玩笑，對甲能開，不一定對乙也能開。人的身分、個性、心情不同，對玩笑的承受能力也不同。

對方性格外向，能寬容忍耐，玩笑稍微過大也能得到諒解。對方性格內向，喜歡思索言外之意，開玩笑就應慎重。對方儘管平時生性開朗，但若恰好碰到不愉快或傷心事，就不能隨便與之開玩笑。相反，對方性格內向，但正好喜事臨門，此時與他開個玩笑，效果會出乎意料地好。

此外，還要注意以下幾點：

◆ 和長輩、晚輩開玩笑忌輕佻放肆，特別忌談男女情事。幾輩同堂時的玩笑要高雅、機智、幽默、解頤助興、樂在其中，在這種場合，忌談男女風流韻事。當同輩人開這方面玩笑，自己以長輩或晚輩身分在場時，最好不要摻言，只若無其事地旁聽就好。

- 和非血緣關係的異性單獨相處時忌開玩笑（夫妻自然除外），哪怕是正經的玩笑，也往往會引起對方反感，或引起旁人的猜測非議。要注意保持適當的距離，當然，也不能太過拘謹彆扭。

- 和殘疾人士開玩笑，要注意避諱。人人都怕別人用自己的短處開玩笑，殘疾人士尤其如此，俗話說，不要當著和尚罵禿兒，癩子面前不談燈泡。

- 朋友陪客時，忌和朋友開玩笑。人家已有共同的話題，已經有和諧融洽的氣氛，如果此時突然介入與之玩笑，轉移人家的注意力，打斷他們的話題，破壞談話的雅興，朋友會認為你讓他沒面子。

▌場合要適宜

美國總統雷根一次在國會開會前，為了試試麥克風是否好用，張口便說：「先生們請注意，5 分鐘後，我對蘇聯進行轟炸。」一語既出，眾皆譁然。雷根在錯誤的場合、時間，開了個極為荒唐的玩笑。為此，蘇聯政府提出了強烈抗議。總體而言，在莊重嚴肅的場合不宜開玩笑。

總之，開玩笑不能過分，尤其要分清場合和對象。

不妨拿自己「開玩笑」

拿自己開玩笑，是把自己看作是幽默對象，風趣地介紹自己的缺點、優點、特有的經歷和思想感情等。雖然調侃自己的缺點是一種自嘲，但這不是自輕自賤，而是豁達開朗和反樸歸真的人性美展現。有時開自己玩笑也是一種高超的應變技巧。比如，有位姚教授，因體弱清瘦，總是寬袍大袖。入冬畏寒，他經常頭戴一頂毛線帽，遠看只露出眼鏡、尖尖的鼻子和一撮山羊鬍鬚，樣子很滑稽。某天上課，一進教室他就看見黑板上不知誰

畫了個酷似他本人的貓頭鷹。姚教授毫無怒色，拿起粉筆，在旁邊寫了一行字：「此乃姚教授之尊容也。」他那大智若愚的通達，閒適自處的超脫，使學生對他產生高山仰止的尊重。

趣說自己，可以說說自己成長過程中的趣事，也可以用詼諧的方式介紹自己的性格、脾氣、愛好，說說自己的缺點，說說這些帶給自己的好處，或值得汲取的教訓。甚至還可以說上一段自己有驚無險的經歷。

當你想說笑話、講故事，或造一句妙語、一則趣談時，最安全的目標就是你自己。

許多著名的人物，特別是演員，都以取笑自己來達到完滿的溝通，他們利用一般人並不好看的面貌特徵，把自己當幽默的對象。如有一位發胖的女演員說她自己「穿上白色的泳衣去海邊游泳，使得飛過上空的美國空軍大為緊張，以為他們發現了古巴」，來取笑自己體態之龐大。

笑自己的長相，或笑自己做得不甚漂亮的事情，會使你變得較有人性。如果你碰巧長得英俊或美麗，可感謝祖先的賞賜；如果你的美貌可能讓人油然而生敬畏之感，那麼不妨讓人輕鬆一下，說說你的其他缺點！

「我小時候長得並不好看」，兼演員、導演於一身的伍迪·艾倫說：「我是到長大以後才有這副面孔的。」其實大鼻子伍迪現在也絕對稱不上好看。

如果你的特點、能力或成就，可能會引起他人的妒忌，甚至畏懼，那麼你可以試著去改變他們的這些看法。例如你可以說一句妙語：「世界上沒有完人，我就是最好的例子。」你以自嘲的方式化解尷尬，並和他人一起開心地笑起來，這會幫助他人喜歡你、尊敬你，甚至欽佩你──因為你的幽默力量向人證明你是有人性的魅力。

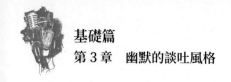
製造幽默的方法與技巧

下面介紹一些談吐幽默的實用方法與技巧。

- **對比**：透過對比可以揭示事物的不一致性，使用對比句是逗笑的極好方法。古羅馬政治家西塞羅就常用這一方法，比如：「先生們，我這個人什麼都不缺，除了財富與美德。」

- **反覆**：反覆申說同一語句，能夠產生不協調氣氛，從而獲得幽默效果。

- **故意囉嗦**：畫蛇添足也能引人發笑。

- **巧用歇後語**：歇後語也是一種轉折形式。它分為前後兩部分，前面部分一出，造成懸念；後面部分翻轉，產生突變，「緊張」從笑中得到宣洩。如：「十五個吊桶 —— 七上八下。」

- **倒置**：透過語言材料變通使用，把正常情況下的人物之本末、先後、尊卑關係等，在一定條件下互換位置，能夠產生強烈的幽默效果。如詞語字的倒置，「連說都不會話」。

- **倒引**：即引用對方言論時，能以其人之語還治其人之身。如：
  老師對吵鬧不休的女學生說：「2 個女人等於 1,000 隻鴨子。」
  不久，師母來校，一位女學生趕忙向老師報告：「老師，外面有 500 隻鴨子找您。」

- **轉移**：當一個表達方式原適用於本義，而在特定條件下扭曲成另外的意義時，便獲得幽默效果。
  空服員用和諧悅耳的聲音對旅客說道：「把菸滅掉，把安全帶繫好。」

所有的旅客都照空服員的吩咐做了。過了 5 分鐘後，空服員用比前次還優美的聲音再度說道：「再把安全帶繫緊點吧！很不幸，我們飛機上忘了帶食品。」

◆ **誇張**：運用豐富的想像，把話說得浮誇張皇，也會收到幽默效果。幽默「心不在焉的教授」，也是運用了誇張這一手法的。

教授：「為了更確切地講解青蛙的解剖，我給你們看 2 隻解剖好的青蛙，請大家仔細觀察。」

學生：「教授！這是 2 塊三明治麵包和 1 個雞蛋。」

教授（驚訝貌）：「我可以肯定，我已經吃過早餐了，但是那 2 隻解剖好的青蛙呢？」

◆ **天真**：佛洛伊德就曾把天真看成是最能令人接受的滑稽形式。

一位婦人抱著一個小孩走進銀行。小孩手裡拿著一塊麵包直伸過去送給出納員吃，出納員微笑著搖了搖頭。「不要這樣，乖乖，不要這樣」，那個婦人對小孩子說，然後回過頭來對出納員說，「真對不起，請你原諒他。因為他剛剛去過動物園。」

語言幽默的方法還有很多，諸如比喻、轉折、雙關、故作曲解、故作天真、諧謔等也都為人們所喜聞樂見。僅僅懂得幽默方法還不足以表明富於幽默，正像有了毛筆不一定就能成為書法家一樣，問題的關鍵在於運用。

幽默給人從容不迫的氣度，更是成熟、機智的象徵。你不必為自己的言語貧乏而懊惱，掌握下列幽默方法，你也可以成為專家。

◆ 當你敘述某件趣事的時候，不要急於顯示結果，應當沉住氣，以獨具特色的語氣和帶有戲劇性的情節顯示幽默的力量，在最關鍵的一句話

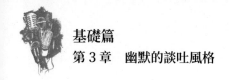

說出之前，應當給聽眾一種懸念。假如你迫不及待地把結果講出來，或是透過表情與動作的變化顯示出來，那就像餃子破了一樣，幽默失去了效力，只會讓人掃興。

◆ 當你說笑話時，每一次停頓，每一種特殊的語調，每一個相應的表情、手勢和身體姿態，都應當有助於幽默力量的發揮，使它們成為幽默的標點。重要的詞語應加以強調，利用重音和停頓等以聲傳意的技巧來促進聽眾思考，加深印象。

◆ 不管你肚子裡堆滿了多少可樂的笑話和俏皮語言，你都不能為了展現你的幽默而不加選擇地一個勁地倒出來。語言的滑稽風趣，一定要根據具體對象、具體情況和具體語境來加以運用，而不能使說出的話不合時宜。否則，不但收不到談話所應有的效果，反而會招來麻煩，甚至傷害對方的感情，引起事端。

因此，如果你現在有一個笑語，不管它多麼有趣，如果它有可能會觸及到對方的某些隱痛或缺陷，那麼，你還是努力把它咽到肚子裡去，不說出為好。

◆ 有些人在做說服別人的工作時，運用過多幽默，常常是笑話接笑話，連篇累牘，就像連珠炮一樣。這樣一來，談話內容往往會脫離主題，難以實現說服別人的目的。對方聽起來，會感到雲山霧罩，不知道你究竟要說什麼，甚至認為你在向他展示幽默才能呢！

◆ 最不受歡迎的幽默，就是在講笑話之前和之中，或是剛講時，自己就先大笑起來。自己先笑，只會把幽默吞沒。最好的方式是讓聽眾笑，自己不笑或微笑。也就是說，採取「一本正經」的表情和「引入圈套」的手法，才是發揮幽默力量的正確途徑。

◆ 在每次講話結束的時候，最好能激發全體聽眾發自內心的笑容。不妨

試一試，用風趣的口吻講個小故事或說 1、2 句俏皮話、雙關語或幽默的祝願詞，這些都是很妙的結尾。總之，你要設法在聽眾的笑聲中說「再見」，讓你的聽眾面帶笑容和滿意之情離開會場。

身為一位紳士，在與別人的交往中，必然會發生一些不必要的尷尬，如果在那種情況下，你也能從容地開個玩笑，你與別人之間的緊張氣氛就會消失得無影無蹤，而且你的同事還會被你的魅力所吸引；被你的寬廣胸懷所感動，進而欽佩你，最後真正接受你。善於幽默的人，大多能把幽默的力量運用得十分自如、真實而自然。由此，當他們開玩笑時，別人不會感到聳人聽聞或譁眾取寵，而只是感受到歡樂。

幽默其實就在你身邊

其實，培養一個人的幽默感，最有效的方法就是留心身邊的各種幽默，從中挖掘出可以利用的素材。

▍蒐集身邊的幽默

留心身邊的幽默，你就會發現許多幽默的因素。

與你熟悉的人交換一些幽默的故事當然有益。在路上散步時，偶爾聽到一句趣味的談話，同樣也是有幫助的。例如：「要是認真分析，這並不算求婚，他只是問我願不願意把兩個人的薪資合在一起使用。」

對從別處聽來的幽默，可以透過向另一個人轉述來試試效果。在轉述時不妨把來源交代一番，以便別人更加深信不疑。

在工作中也應試著注意聽取別人談論有關工作問題時的幽默語句。各行各業都有自己獨特的笑話和趣聞，所以當你遇到不同職業的人在談話時，不妨做個「偷聽者」，聽聽他們講的俏皮話和趣聞軼事，使自己在快

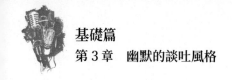

樂中大開眼界。

在公車上，一位先生感嘆道：「我實在是太忙了，真需要花錢請人替我散步。」

對任何人來說，聽別人講話是每天工作和生活中最常遇見的事。我所要強調的是，從別人講話中汲取有益的幫助，看看別人在講話時如何駕馭幽默的技巧，再把這些學來的東西用於工作、學習、家庭和社會交往上。許多演說家都以他們出色的、發人深省的幽默方式而聞名於世，他們說的笑話和趣事能激發人們的靈魂，活躍人們的思維，促使他們發揮巨大的創造力。

英國一位演說家說過：「人們有了語言，才能交流思維，要是沒有語言，就只能依賴表情進行表演了。」

丹佛城的威爾遜博士因善於運用意味深長的幽默而聞名。他說過：「人生就像一條船，總會遇到這樣那樣的風浪。」、「成功的公式有千千萬萬，但是如果不付諸行動的話，所有的公式都不會有最終的效力。」他還說過：「有那麼多人說不出自己的血型，卻沒有人不知道自己的屬相。」

布朗在做州長時，講過這段故事。

有3個人在爭論，究竟是什麼職業最早出現。其中一位醫生說：「當然是醫生先出現，因為上帝就是萬能的治病能手。」第2位是工程師，他說：「工程師出現得最早，《聖經》不是講過嗎？是上帝從混沌之中創造了世界。」第3位是政治家，他說：「你們說的都不對，是政治家最早出現。要是沒有政治家，那混沌狀態是如何產生的？」

如果我們注意了這段話，就可以仿照3人對話的方式，創造出自己的笑話。

有3位外科醫生爭相誇耀自己的醫術。

第1位說：「我給一個男人接上手臂，他現在是全國聞名的棒球投手。」

第2位說：「我幫一個人接好了腿，他現在是世界著名的長跑運動員。」

第3位說：「那不算什麼奇蹟。我為一個白痴移植上笑容，他現在已經是國會議員了。」

幽默在人們之間傳來傳去，相互交換，共同享受，共同提升。一封信函、一通電話都可以成為傳遞幽默的橋梁。例如有一封寫給某國總統的信，在信中，寫信人先恭維了一番總統的政績，然後寫道：「請您原諒，這封信是用蠟筆書寫的。因為在我們這個地方，不准人們使用尖銳的東西。」

另一個例子是，有位先生寫信給一個浪蕩公子：「我知道是你在糾纏我的妻子，你必須放手。」他收到的回信說：「榮幸地收到您的來信，我真不知道其他幾個傢伙怎麼辦。不過不論您做什麼，我都沒有異議。」

有時在電話中，我們可以先挫一挫對話者的期望，然後用幽默的力量給他一個滿意的結果。例如有位丈夫接到一通打給他妻子的電話，他說：「對不起，她外出了。等她回來我是否可以告訴她，是誰來電話準備聽一聽她的高論？」

細心觀察周圍的生活，可以從平淡之中發現許多不平凡的趣事。如果你的幽默力量能集中於生活的平凡小事，那麼你的幽默將產生更吸引人的力量。人們都願意為生活而歡笑，假如他們聽到一則生活中所熟悉的笑話，他們會加倍愉快地與你一起分享幽默帶來的歡樂。

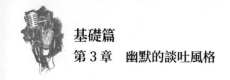

從生活中提煉

你可以把日常生活中的一些小事進行總結並加以提煉，這樣，語言就會更加生動有趣。

曾有一位先生，拄著拐杖，手裡還拿著一份影印的說明書。那紙上寫著：「洗澡時，我不小心掉了肥皂，彎下腰撿肥皂時，卻又滑了一跤。左腿劃了個又長又深的傷口，肌肉和韌帶受了損傷。傷口縫合之後，左腿全部用石膏包著，這條腿又長又硬。由此我想告誡所有的朋友們，書上所說的該在什麼時間洗澡，用什麼溫度的水最合適和應當使用什麼肥皂之類的話全是胡說，你們只要記住我的一句話：『洗澡時要加倍小心，不要摔跤。』」

生活中應該建立起提煉語言的「煉丹爐」，假如你碰到一些開心的事，就接受，並且使之煉成語言的珍珠。

從閱讀與視聽中汲取養料

在你看報紙的時候，拿一枝紅藍筆，把每天最有興趣的新聞或所見的好文章勾起來，要是能剪下來更好。每天只要 2 條，2 個星期後，你便記下了不少有趣的事情了。在你看雜誌或書籍時，每天只要能記住其中幾句你認為很有意義的話，可以用紅藍筆，在那句話旁邊畫上線，若能抄在筆記本上會更好。開始時你還不太習慣，不要貪多，否則沒過幾天，你就會放棄了。如果你每天不停地記下 1、2 句，2、3 個月後，你就會發覺你的思想比以前豐富多了。談話時，很容易就想起它們，或用自己的話把它們加以發揮。這些有意義的話隨時隨地都會跳出來，在談話的困境中幫助你。在聽演講時、在聽別人談話時，隨時都可以遇到表現人類智慧的警句或諺語。把這些記在心中、抄在紙上，久而久之，你談話的題材和資料就

越來越豐富，你的口才就越來越嫻熟了。久而久之，你簡直可以出口成章，隨便說什麼都有條有理、妙語連篇。

觀看或收聽電影、電視、廣播、網路中的妙語對白，汲取其中適合你口味和個性的妙語成分，並試著把它們變成你所適用的題材，這也是挖掘幽默資源的好辦法。

在挖掘幽默資源的過程中，不要忘記廣泛地閱讀書報雜誌。不能把眼睛只盯在妙語大全之類的書上，要盡可能廣泛地瀏覽各式各樣的書報。

在傳記作品中，常常能見到名人的趣聞軼事，或是他們講過的有趣故事。

例如，古希臘哲學家蘇格拉底的學生曾問老師：「您的學問如此淵博，但為什麼您又常常對自己的理論表示懷疑呢？」

蘇格拉底在地上畫了2個圓，一大一小。他說：「這個大圓相當於我的知識，這個小圓相當於你的知識，雖然我的知識數倍於你，但是我的大圓外面無知部分越來越大，而你們的小圓外面的無知部分變得越來越小，這就是我為什麼時常困惑的原因。」

再如詩人馬雅可夫斯基在一次大會上演講，他的演講尖銳、幽默、鋒芒畢露、妙趣橫生。

忽然，有個故意搗亂的人喊道：「您的笑話我不懂！」

「您莫非是長頸鹿？」馬雅可夫斯基感嘆道：「只有長頸鹿才有可能星期一浸溼牠的腳，到星期六才會感覺到呢！」

那人又喊道：「馬雅可夫斯基，您的詩不能使人沸騰，不能使人燃燒，不能感染人。」

「我的詩不是大海，不是火爐，不是鼠疫。」

財經雜誌中也可以找到幽默的故事。例如：世界上只有兩種會計，一

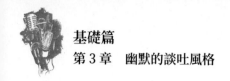
種是明知你賺了不少錢，卻讓你買不起所需要的東西；另一種則是知道你沒有錢，卻鼓勵你去買那些用不到的東西。

　　廣告和契約合約上也會冒出可笑的故事。例如：「如果您買我們的一套服裝，您很快就需要再買我們的一件外套。」保險合約上寫著：「保險金總額將在您去世時一次付清，我們知道這是您所喜歡的方式。」

　　在一家印刷公司的卡片上，我還見過這樣充滿幽默的話語：「不必害怕提出愚蠢的問題，因為這總比愚蠢的錯誤好處理一些。」、「天下沒有任何東西能像嘴一樣常常被人錯誤地打開。」

　　當你注意多看、多聽、多讀的時候，自然會得到許多有趣的東西。

▌ 舊辭翻新

　　所有流傳的絕句和妙語，雙關語和幽默故事，幾乎都不是完全創新的，它們往往是經過許多人的加工錘煉才逐漸完善起來的。喜歡幽默的人完全可以借用，尤其是改編別人的笑話，使它們為我所用，變得更加適合自己要表達的意思，這也是提高語言技巧的一種方式。只要你用過2、3次從別人那裡借用來的幽默故事，你就能運用得恰到好處。在使用過程中，你必定會有所加工，有所創新。每句妙語都可以有許多「繼父、繼母」，任何人都可以充當這「繼父、繼母」來「收養」這些妙語，且按照自己的意圖和愛好加以改變。借用別人的妙語並不意味著原封不動照搬照用，如果不經加工便隨意套用，那麼再妙的言語也會變得平淡而乏味，因為每個人特有的觀點和特有的方式是妙語的靈魂。

　　「金錢不是萬能的」這句眾所周知的格言，經過加工就可以有新的意境和效力：「金錢不是萬能的，但沒有錢是萬萬不能的。」用巧妙的構思把原有的格言改變一下，就能使人感到新穎活潑，產生強烈的幽默效果。

18 世紀英國作家史密斯說過一句話：「你所不了解的事情，足以寫成一部巨著。」這話在 200 年後的今天仍然適用。你可以說成：「將你所不知道的事情加在一起，正好是一部百科全書。」或就像吳宗憲說的：「長江後浪推前浪，前浪死在沙灘上。」

「演出真是妙極了，觀眾們不禁排起隊來 —— 他們是想趕快離開劇場。」

「本店出售的鋼琴與競爭者所賣的一樣差，只不過價格更便宜。」

把優點先說成是具有幽默感的缺點，這種方法很有效果，這主要是得益於趣味性的思考。關於出賣一幢房子，曾有 2 則不同的廣告。先前的廣告為房子做了極盡生輝的敘述，卻無人問津。後來的廣告寫道：「6 個小小的房間，裝飾破舊，地下室潮溼，街道泥濘，門口沒有公車站。售價 800 萬元。」結果房子很快就出售了。這則廣告沒有常見的虛假修飾，而是用實實在在的缺點，突出有趣和吸引人的效果，使得許多人都抱著好奇心前來觀看，因此自然不愁找不到合適的買主。

一句話加上或減去一個字，稍作改動，便可巧妙地表達某種意思，產生強烈的幽默感。例如一則新聞中說：「總統已承諾，通貨膨脹將會停止。」略加修改變成了：「總統再次承諾通貨膨脹將會停止。」

第 4 章　讓人口服，更要讓人心服

美國前總統雷根決定恢復生產新式的 B-1 轟炸機時，曾引起許多美國人的反對。在一次會議上，他對一群反對這個決定的人脫口而出：「我怎麼知道 B-1 是一種飛機呢？我只知道 B-1 是人體不可缺少的維生素。我想，我們武裝部隊也一定需要這種不可缺少的東西。」這句形象貼切的雙關語，說服了眾多的反對者。

良好的脫口秀是一把利劍，它可以在雄辯中戰勝對手，可以使你層擺脫困境。相反，笨拙的口才不僅損害領導者自身的形象，有時還會損害集體的形象。

據說布里茲涅夫口才就不好，只要手中沒有講稿，往往一句話都講不出來。1970 年代末，有一次他在維也納與美國總統卡特私下會晤時，就曾鬧出大笑話。事先，翻譯為他準備了一份特別文件，這份文件是設想卡特會問什麼問題而準備的，屆時布里茲涅夫只要根據對方的提問逐一回答即可。結果在會晤中，布里茲涅夫照念講稿，而對卡特的問答領會不了。他每念一段，甚至轉過頭來問翻譯：「我要往下念嗎？」

正因為良好的口才具有不可估量的價值，所以古今中外著名領導者都十分重視此道。日本前首相田中角榮年輕時口才並不在行，在一次競選日本眾議員的演講集會上，他一上臺就引起了倒彩聲，當他做自我介紹時，聽眾裡甚至有人高聲說：「選民們不是來聽你講經歷的。」

田中臉色蒼白，幾乎要哭了出來，一時語無倫次，不知所云。

此後，他就刻意磨練自己，終成大器。

正面說理，良言相勸

常常聽到一些領導者這樣抱怨：權力並沒有帶給自己快樂，反而增添不少煩惱。譬如：有的下屬出勤不出力，陽奉陰違；有的當面頂撞，讓自己下不了臺；身為業務部門的上司，常常為了數字沒有爬升而憂心如焚……。

造成此種現象的原因何在？

最根本的原因就是，這些領導者並沒有把被領導者也當成與自己一樣有思想、有尊嚴的「人」。

世界上的種種事物，都是人類相互影響而互動產生的，商品社會，其最根本的形成因素，既不是貨物，也不是金錢，而是人。

事實上，不論多麼精闢的見解；多麼宏偉的計畫；多麼完美的產品，如果無法讓對方清楚、了解，仍然無法被接受。所以，最終的決定權，還是人本身。

而人與人之間溝通的橋梁，就是「說服」。

總而言之，說服是以人為對象。在商場上，沒有人與人之間的共同努力，是無法締造出成果來的；工作中，也是不斷地在說服不同的人，才能順利進行下去。只有善於說服的領導者，才能與部下產生彼此信賴的關係，充分發揮自己的實力，卓有成效地帶領團隊前進。

正面說理，是一種對聽眾有較強影響力、在管理活動中使用相當廣泛的口才技巧。領導者在座談討論、宣傳政策、報告演講、說服教育等活動中，都免不了「正面說理」。正面說理的最大特點是正面灌輸，直接闡述事理。正面說理要求說話人以理直氣壯的精神狀態、確鑿的事實、明晰的語言去正面說明事理的正確性、必然性，靠理論的吸引力、事實的雄辯

力、邏輯的說服力去影響聽者、說服聽者，達到言語交際的目的。

　　具體來說，說理要先注意說話要有邏輯性。在工作與生活中，常常有這種情況：你把本來完全正確的結論告訴對方，卻不能使對方立刻理解和信服。但是，當你運用嚴密的邏輯推理揭示事物發展的必然結果時，對方就會心悅誠服地接受你的觀點。

　　領導者在進行正面說理的時候，不管引證多少事實、多少典故、多少知識，都要納入邏輯的軌道，才會具有無可辯駁的說服力。離開了邏輯規則，再生動的事例、再迷人的故事，你的聽者都可能無動於衷。我們只有用邏輯的法則，把想表述的思想、事例、典故等材料有機地組織起來，組成很有邏輯性的內容，才能達到正面說理的目的。

　　既然是說理，說一些大家都能夠聽得明白，都很容易聽得懂的道理，其效果往往比「樂而不淫，哀而不傷」之類的大道理好得多。領導者進行正面說理是有針對性的。但要能撥響對方心中的弦並奏出和音來，又是不容易的。這就要求領導者說一些聽得懂的道理和不同凡響、高人一籌的道理。如果道理講得通，而且說的好，就能夠發揮很大的作用。

　　一篇題為〈要改革社會首先要改革自己〉的演講說：「看今天的校園裡，『改革』已成為同學們普遍談話的話題。社會的改革轟轟烈烈，那麼大學生應該如何迎接這一挑戰呢？」顯然，這個話題對當代大學生來說是關切的，他們一定聽得進去。演講者接著說：「我們的回答是：『要改革社會，首先應改革我們自身。』」這個觀點「新」，大學生們都想知道自己該如何「改革自己」，當然越聽越感興趣。

　　由此可見，正面說理如果能使聽者產生「自己人」的感覺，萌發覓到「知音」的愉悅感，就能達到以理服人的目的。

　　但有一點需要注意，在運用邏輯方法進行說理時，不能夠講歪理，說

反邏輯，也就是將不正確的說成是正確的。事實勝於雄辯，任何不正確的事情一旦放在光天化日之下，都會露出馬腳的。沒道理的話聽者不服，有道理沒有事實，道理無所依託，聽者口服而心並不一定服。所以領導者進行說理，運用事實非常重要。大家都有這樣的經驗，跟人說總結出來的一般原則，與介紹個性化的事例或實踐經驗相比，人們容易接受後者。

〈一個遺臭萬年的日子〉是美國第 32 屆總統羅斯福的著名演說。全文不到 1,000 字，少帶有濃厚感情色彩的語言，幾乎沒有渲染和鋪張的話語，列舉敵國侵略罪行不用貶詞，宣布如此令人憤慨的事件竟不見激昂。演說有分析、有判斷、有決定、有抨擊、有號召，但所有這些，都建立於陳述事實的基礎上。事實是最有說服力的。在這個演說發表的第 2 天，美國即向全世界宣布 ── 美國與日本處於戰爭狀態。

領導者引用事實進行說理時，要注意事實與觀點的一致性，切不可讓事實與觀點相游離或相違背。列寧指出，沒有比胡亂抽出一些個別事實和玩弄實例更站不住腳的。羅列一般例子毫不費勁，但這是沒有任何意義的，因為在具體的情況下，一切事物都有它個別的情況。這就告訴我們，正面說理引用，不但要事實，而且要典型，要具普遍意義。

將心比心，以情感人

除了「以理服人」外，領導者在工作中也應該注意「以情感人」4 個字。

美國總統雷根在年輕時，有一次，他生病去醫院打點滴。一位年輕的小護士為他打了 2 針都沒有把針扎進血管，他眼看著針頭處起了小瘀青。正當他疼痛的想抱怨幾句時，卻看到那位小護士的額頭布滿密密的汗珠，那一刻

他突然想到他的女兒。於是他安慰小護士說：「沒關係，再來一次。」

第3針終於成功了，小護士長長地嘆了一口氣，她連聲說：「先生，真是對不起，我很感謝您讓我扎了3次。我是來實習的，這是我第一次幫病人打針，實在是太緊張了，要不是有您的鼓勵，我真是不敢再幫您扎啦！」

雷根告訴她說：「我的小女兒立志要考醫學大學，她也會有她的第一位患者，我非常希望我女兒的第一次打針也能得到患者的寬容和鼓勵。」

這裡，雷根想抱怨小護士時，想到了自己將來讀醫學大學的小女兒，將心比心，鼓勵小護士不要緊張，從而使小護士能夠成功地完成任務。

將心比心，是老百姓常說的一句善解人意的俗語。如果我們在生活中能多一點將心比心的感悟，就會對他人多一點尊重、寬容和理解，會使人與人之間多一些諒解，少一些計較和猜疑。

身為主管，對待員工不能過分苛刻，不能雞蛋裡挑骨頭般挑剔他們的工作。應該將心比心，多想一下他們的處境、他們的感受。在生活和工作中，有許多角色不停地轉換，在工作中你是他人的上司，但也許在某些場合你又不如他；此時你可能是服務者，但彼時可能是被服務者……。

你希望別人怎麼對待你，最好先那樣對待他人。你想讓員工都服從你的領導，就應該設身處地想一想他們的困難之處。

正話反說，反話正說

英國的鐵路專家喬頓到美國去當大東鐵路的總裁，到任之時，他發現職員們對他很反感，充滿敵意。原來大東鐵路局有一個傳統的思想，認為任何美國人都有擔任總裁的資格。喬頓是英國人，竟擔任總裁，於是引起

公憤。但是喬頓並不著急，他巧妙地運用正話反說、反話正說的技巧，平息了職員們的抵制情緒。

他公開演說：「我到美國來擔任這個職務並不是為了什麼榮譽，也沒有什麼希望，所需要的，只是想有一個戶外競技的場所，一個謀生的職業罷了。」一場演說，竟說服了千萬鐵路工人。

著名工程師萊分菲爾，也用這個方法說服了一個剛愎自用的人。有一個工頭，常常堅持反對改進計畫。有一次，萊分菲爾想安裝一個新式的指數表，他知道，那個工頭必定會反對。於是，萊分菲爾就去找他，腋下挾著一個新式的指數表，手裡拿著一些徵求他們意見的文件。當他們討論這些文件的時候，萊分菲爾把指數表在腋下移動了好幾次，工頭終於開口了：「你拿的是什麼東西？」萊分菲爾漠然地回答：「哦！這個嗎？這個嗎？這不過是個指數表。」工頭說：「讓我看看。」萊分菲爾說：「哦，你不必看的！」於是裝作要走的樣子，並說，「這是要給別的部門用的，你們部門用不到這東西。」工頭卻說：「我很想看看。」於是，萊分菲爾裝作勉強同意，將指數表給他。當那個工頭審視的時候，萊分菲爾就隨便但又非常詳盡地把這東西的用法跟他說。那個工頭終於站起來，說：「我們部門用不到這東西嗎？糟糕，它正是我早就想要的東西呢！」萊分菲爾故意說出與自己相反的主意，果然很巧妙地把問題解決了。想想看，如果把它運用到管理工作的說服呢？會獲得怎樣的效果？

有時候，由於情況的不同，換一種方式說服也許會獲得意想不到的效果。說服是每個領導者每天都要進行的工作，正話反說、反話正說，正是說服的基本技巧之一。當你要說服某人或某一群人時，並不直接說明自己的意思，而是說出與自己要求相反的意見，讓他人在反對中達到自己想要達到的目的。

正話反說、反話正說，特別適用於具有反抗心理時的說服。因當事人對某事具有反抗情緒時，正面的意見一般是較難聽得進去的，而反面的意見卻通常比較易於接受。

極言危害，令其喪膽

有時，領導者可以採用誇大後果的方法，以後果的嚴重性讓員工心驚膽顫，從而達到說服他的目的。

戰國時期，有個叫張醜的人在燕國當人質。聽說燕王要殺死他，急忙逃走，眼看就快要逃離燕國的邊境時，被燕國邊境的巡官抓住了。巡官決定把他送給燕王去領賞。

張醜對那個邊境巡官說：「燕王之所以殺我，是有人向燕王說我有很多珠寶，而燕王正想得到這些珠寶。事實上，那些珠寶已經沒有了，可是燕王不相信我的話。現在你們把我抓住並送給燕王，如果是這樣的話，我就會對他說你已經把這些珠寶都吞到肚子裡了，燕王這時候一定會要你剖腹取珠，你的肚子將一寸一寸的被割開。想想後果，你還想把我送給燕王嗎？」

那個巡官被這番話嚇呆了，趕緊放了張醜，讓他逃出燕國。

在這個故事裡，張醜正是借助極言危害來恐嚇巡官，並造成良好的效果。

有一天，楚國大夫申無害的守門奴僕因為偷喝酒被申無害發現，這個守門的奴僕便畏罪潛逃。為了逃避申無害的追捕，他便投靠楚靈王，並當上王宮守卒。他之所以投靠楚靈王，是因為楚國有這樣的法律規定：任何人都不許到楚王的宮中抓人。

　　但是，申無害卻直接從宮中把他給抓了回來。楚靈王知道後，非常氣憤，命令申無害把那個奴僕放出來，並要判申無害擅闖王宮之罪。

　　申無害面對楚靈王的威脅，毫不畏懼地說：「天上有 10 個太陽，人間分 10 個等級，上層統治下層，下層侍奉上層，上下層相互連結，國家才能夠安定、太平。而如今，臣下的守門奴僕畏罪潛逃，且憑藉王宮來庇護犯罪之身。如果他真的能夠得到王宮的庇護，其他的奴僕、百姓犯了罪，也會仿效他的做法，這樣的話，盜賊可以公然行事，誰還能禁止得了？到那個時候，局面肯定會變得不可收拾。為了防止那種後果，臣下不敢遵奉王命。」

　　楚靈王無話可說，只好任申無害對守門奴僕治罪，並且赦免了申無害擅自到王宮抓人的罪過。

　　在這個故事裡，申無害以不治守門奴僕的罪所造成的「盜賊公行，最終造成無法收拾的局面」這一嚴重後果來恐嚇楚靈王，楚靈王被他描述的這一亂糟糟的局面嚇到了，最終被申無害說服。

　　身為主管，有時候會發現有些員工堅持己見，盲目地自信，想讓他們改變主張，光靠強制命令是不會達到好效果的，反而會引起他們的對抗、反對。因此，可以針對員工們設定的目標，充分地論述他們的主張或做法的危害性，並適度加以誇大，讓他們內心產生懼怕。這樣，他們透過所受到的刺激，便會猛然警醒，意識到自己的不對，便能達到說服他們的目的。

迂迴說理，避實擊虛

領導者有時會遇到一些過於自信、聽不進不同意見的人。遇到這種談話對象時，宜採用迂迴說理的口才技巧，從側面、背面，從對方意想不到的方面去突破，使其就範，從而達到自己的目的。

在做一些管理工作的過程中，管理者如果遇到的談話對象特別固執，愛爭強好勝，不妨採取迂迴說理的談話技巧，更易獲得成功。

迂迴說理，也就是繞圈子。在一般情況下，領導者講話應該開門見山，不必繞圈子，但有時遇到固執己見的人，為了說服對方，就不得不繞個圈子，從離題較遠的地方說起，由遠及近，漸次靠攏，最後征服對方。

《戰國策·趙策》中有一段「觸聾（觸龍，為「觸龍言」之誤）說趙太后」的故事，在這個故事中，觸聾沒有直接與對手交鋒，而是側面迂迴，最終完成自己的使命。

趙惠文王崩逝，由孝成王繼位。孝成王當時還年幼，就由他的母親趙太后攝政。

秦國趁機大舉攻趙，太后轉而向齊國求援。

齊國提出了嚴厲的條件。條件是：「一定要以長安君為人質，否則就不出兵。」

長安君是孝成王最小的弟弟，太后最小的兒子。狹隘的母愛使太后變成鐵石心腸，太后堅決拒絕齊國的要求，無論重臣們如何竭力勸諫都不答應：「如果再有人要我把長安君送去當人質，我就將口水吐到他的臉上。」

左師觸聾裝作若無其事慢慢走進去，先抱歉地說：「我的腳有點問題，行走困難，所以許久未向您請安，但又擔心太后的健康狀況，所以前來謁見……。」

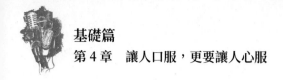

至此，太后的表情才稍稍緩和下來。

觸聾又說：「我有個小兒子，名叫舒祺，非常不成材，真讓我感到困擾。我的年紀也大了，希望在我有生之年向太后請求，給他個王宮衛士的差事，這是我一生的願望啊！」

「可以，他今年幾歲了？」

「15歲，或許太年輕了，但我希望能在生前將他的事情安排好……。」

「看來父親也是疼愛小兒子的。」

「是啊，而且超過了當母親的。」

「不，母親才是特別疼愛小兒子的。」

觸聾以小兒子舒祺謀事當藉口，終於引出太后的小兒子 —— 長安君的話題了：「是嗎？我覺得太后比較疼愛長安君嫁到燕國的姐姐。」

「不，我最疼愛的是長安君。」

觸聾說：「如果疼愛孩子，一定會為他考慮將來的事。當長安君的姐姐出嫁時，您因不忍離別而哭泣，後又常常掛心她的安危而掉淚。每當有祭拜時，您一定祈求她『不要失寵而回趙國』，而且希望她的子孫都能顯貴，繼承王位。」

「是啊，是這樣的。」

「那麼請您仔細想想看，至今為止有哪位封侯的地位能持續3代而不墜的？」

「沒有。」

「不止是趙國，其他的諸侯怎麼樣呢？」

「也沒有聽過這回事。」

「為什麼呢？所謂禍害近可及身，遠可殃及子孫，王族的子孫並非全

是不肖者，但是他們沒有功績而居高位，沒有功勞而得到眾多的俸祿，其最終結果就是誤了自己。現在您賜給長安君崇高的地位、豐沃的封地，卻不給他建功業績的機會，萬一您將來出了什麼意外，長安君的地位能保得住嗎？所以我認為您並沒有考慮到長安君的將來，您所疼愛的是長安君的姐姐。」

太后被觸讋的情理說服了：「好吧！一切照你的意思去做。」

觸讋最終達到自己的目的，為趙國做了一件好事，這不能不說是迂迴策略的勝利。所以，迂迴說理如果運用得當，可以屢戰屢勝。

迂迴說理的特點是：先不急於反駁，從似乎與題目關係不大的方面層層發問，以問套話，讓對方在答問中不知不覺地順著我方設計的思路走，直到水到渠成之時，才反戈一擊，使對方陷入困境。

比如，先秦時儒家學派的著名雄辯家孟子就是利用這種方法，說服了農家學派的陳相。

陳相向孟子宣傳農家學派首領許行的主張，他開口就問孟子：「賢明的國君應該與老百姓一起勞動，一起耕作，治理國家，同時自己動手做飯。」

孟子反問：「許行吃的都是自己親手種的糧食嗎？」

陳相回答說：「是的。」

孟子又問：「許行穿的都是自己親手織的布嗎？」

陳相回答說：「不是的。許行不穿布衣，而是穿毛料。」

孟子問：「許行戴帽子嗎？」

陳相回答說：「戴帽子。」

孟子問：「戴什麼樣的帽子？」

陳相回答說：「他戴的是生絹做成的帽子。」

孟子問：「許行做衣服的毛料和做帽子的生絹都是自己親手紡織的嗎？」

陳相回答說：「不是的。是用糧食到市場上去交換來的。」

孟子問：「許行為什麼不自己動手紡織呢？」

陳相回答說：「自己動手紡織會耽誤他種地。」

孟子問：「許行做飯使用鍋和甑嗎？種地使用鐵農具嗎？」

陳相回答說：「要使用。」

孟子問：「他使用的鍋、甑、農具，都是自己親手製造的嗎？」

陳相回答說：「不是的。也是用糧食到市場上去交換來的。」

孟子於是說：「各行各業本來就不可能邊種田，邊兼顧，難道唯獨治理國家的工作可以邊種田邊兼顧嗎？」

在這段對話中，孟子像問家常一樣，向陳相詢問許行各種生活用品和生產工具的來源，誘使陳相不知不覺提供與自己主張相悖的論據。這樣，陳相啞口無言，被駁得心服口服。在管理活動中，當碰到棘手問題時，先順著對方的意思說，使其逐漸放鬆戒備，然後不失時機地收攏包圍圈，使對方無可奈何地「服輸投降」。某種程度上，這也是迂迴說理的一種技巧。

有理有節有據

1925 年，賀龍在湖南北部一個叫澧洲的地方任鎮守使。澧洲位於澧水之濱，水上交通便利，因此，這一帶私運軍火，走私毒品等不法活動非常猖獗。一些外國商人勾結國內利慾薰心的官僚、軍閥，利用水運的便利條件，頻繁出沒在這一地區，猖狂地從事走私活動。

賀龍對此十分痛恨，上任後就下決心要整治這一現象。

有一天，值勤士兵發現英國商船上的貨物內夾有槍枝、彈藥和不少鴉片。遵照賀龍的命令，士兵將該船扣留。

英船被扣，英商慌了，他們立即去長沙找英國領事商量對策。

英國領事仗著有湖南省政府的支持，見了賀龍，就傲慢地問：「請問賀鎮守使，我大英公民來華經商有何罪？」

賀龍不疾不徐地說：「正當經商，一點罪也沒有。不僅無罪，我們還非常歡迎。」

「那為什麼扣留我們的商船？」英國領事拍著桌子大怒道。

賀龍不動聲色地說：「領事閣下，我怎敢扣留貴國商船。省政府安排我在此當鎮守使，我只不過是例行公事。只要你將船上的貨物列個清單，我們查對無誤，就立即放行。」

英國領事見賀龍態度溫和，以為他軟弱可欺，就當場羅列清單。不過他們並沒有、也不敢列出槍枝、彈藥和鴉片。

賀龍接過貨單一看，故意追問：「是否全部列出？沒有漏掉的嗎？」

英商和英國領事急忙點頭，他們哪會考慮那麼多，認為賀龍只不過是「例行公事」，心想，你趕快放船吧！

這時，賀龍傳令，叫進來一名年輕的軍官，將英國領事親筆寫好的貨單交給他，說：「我叫你們檢查那條被扣商船上所載的貨物，你們檢查結果與貨單相符嗎？」

年輕軍官看看貨單，立即回答：「報告長官，船上還有不少槍枝和鴉片。」

賀龍笑了。他一步一步走近英國領事說：

「領事閣下，誤會了。我們扣留的這條船上有槍枝、彈藥，還有鴉片，你說你們那條船上沒有這些貨物，看來我們扣留的是另一條走私船，

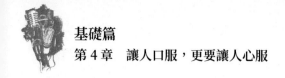

與貴國無關。請你們回長沙好了。」

英國領事聽賀龍這麼說，一下子呆住了。因為他怎麼也沒想到，眼前這個賀龍這麼厲害。英國領事和省府官員一時不知所措，很久無法開口。

過了一會兒，英國領事不得不裝出一副笑臉對賀龍說：「那條船的確是我國商船。他們帶的鴉片是自己吸的。賀鎮守使如此忠於職守真是令人佩服，佩服！」

賀龍毫無表情地說道：「那麼，請閣下在原來的貨單上把槍枝、彈藥和鴉片列上。」

英國領事以為剛才的阿諛奉承產生作用，補上貨單可能會放行。於是，英國領事命令英商在原貨單上補寫了「槍枝、彈藥」和「鴉片」。英國領事、英商在貨單上簽了字，省府官員身為證人也簽了字。

賀龍拿著清單，突然把臉一沉，十分嚴肅地說道：「尊敬的領事閣下，按照國際法規定，私運軍火要嚴懲，走私毒品更應從嚴！貴國商人無視國際法，危害我國的主權和尊嚴，理所當然應予嚴懲！」

就在賀龍義正辭嚴地說這段話的時候，幾位軍人將標有英國商標的幾箱軍火、鴉片抬進大廳。

賀龍指著箱子，威嚴地說：「現在人證、物證俱在，我們將向全世界公布。領事閣下，你還有何話要說？」

英國領事像洩了氣的皮球，無話可說，省府官員也都慚愧地低下了頭，不敢吭聲。直到現在他們才明白，這一切都是賀龍的計謀，但悔之晚矣。

有時，要讓一個做錯事的人心服口服，的確不是容易的事。這樣，當你想批評指責某人時，怎樣才能使他不得不服，而且是心服口服呢？這是人們應該考慮的問題。

首先，批評必須「有理」，也就是你有足夠多的正當理由可以批評他；其次，要拿捏分寸、掌握火候，不能一上來就劈頭蓋臉一陣狂批，最好先肯定他的長處；最重要的一點是說服，必須拿出足夠的事實，明明白白地告訴他：他所做的一切違反了某種「規定」，這樣的話，由不得他不服。

說服貴在引導

如果我們只從一個角度去思考某個問題，就很容易會死腦筋。但如果從多個角度去思考問題，也許問題馬上就解決了。

俄國十月革命剛剛勝利時，許多農民懷著對沙皇的刻骨仇恨，堅決要求燒掉沙皇住過的宮殿。別人做了許多次工作都沒有效果，最後，只好由列寧親自出面。

列寧：「燒房子可以，在燒房子之前，讓我講幾句話，可不可以？」

農民：「可以。」

列寧：「沙皇住的房子是誰造的？」

農民：「是我們造的。」

列寧：「我們自己造的房子，不讓沙皇住，讓我們自己的代表住好不好？」

農民：「好！」

列寧：「那麼這房子要不要燒呢？」

農民：「不燒了！」

列寧沒有正面勸阻農民的行動，而是引導他們換一個角度看問題，使他們明白皇宮其實是自己的勞動成果。果然三言兩語就說服了那些堅持要燒掉皇宮的農民，護住了寶貴的文物。

領導者在試圖說服他人的時候，不要以討論不同意見作為開始，要以強調 —— 且不斷強調 —— 雙方都同意的事作為開始。

如果可能的話，必須不斷強調：你們都是為相同的目標而努力，唯一的差異在於方法而非目的。

使對方在開始的時候就說「是的，是的」，盡可能讓他無法說「不」。

歷史上有一則晏子以聲東擊西的方法說服齊景公，救燭鄒的故事。

齊景公非常喜歡打獵，餵養了一些抓野兔的老鷹，這些老鷹歸燭鄒管理。有一次，燭鄒不小心，讓一隻老鷹逃走了。

齊景公知道了，大發雷霆，要將燭鄒推出斬首。

晏子對齊景公說：「燭鄒罪不可赦，不能就這麼輕易殺了他，讓我來宣布他的 3 條罪狀，然後再將他處死吧！」

齊景公點頭允許。於是晏子指著燭鄒數落著：「燭鄒，你為大王養鳥，卻讓鳥逃走了，這是第 1 條罪狀；你讓大王為了鳥的緣故而要殺人，這是第 2 條罪狀；把你殺了，讓天下諸侯都知道大王重鳥輕士，這是你的第 3 條罪狀！好啦！大王，請將他處死吧！」

齊景公聽出了晏子的話中之話，只好說：「算啦！不用殺了。」

晏子的高明之處在於，名義上指責燭鄒的罪狀，實際上卻在批評齊景公，聲東擊西，終於使齊景公放棄了殺燭鄒的念頭。

這種說「不」的策略，就是先確認你的觀點，而他的話語所表現的策略，絕不是他隨聲附和的「不」字。

這是一種非常簡單的技巧 —— 一種「是」的反應。但是它卻被許多人忽略了！在某些人看來，似乎人們只有在一開始就採取反對的態度才能顯示出他們的自尊，也許還可以原諒；但假如他要達成什麼協議的話，這

樣做就太愚蠢了。

這種使用「是」的方法，使得紐約市格林威治儲蓄銀行的職員艾伯森攬回了一名年輕主顧。

艾伯森先生說：「那個人進來要開一個戶頭，我照例給他一些表格讓他填。有些問題他心甘情願地回答了，但有些他根本拒絕回答。」

「在我研究為人處世技巧之前，我一定會對那個人說，如果拒絕對銀行透露那些資料的話，我們就不讓他開戶。我很慚愧過去我採取的那種方式。當然，像那種斷然的方法會使我覺得很痛快。我表現出誰才是老闆，也表現出銀行的規矩不容破壞。但那種態度當然不能讓一個進來開戶頭的人有受歡迎、受重視的感覺。」

「那天早上我決定改變策略。我不談論銀行所要的，而談論對方所要的。最重要的，我決意在一開始就使他說『是，是』。因此，我不反對他。我對他說，他拒絕透露的那些資料並不是絕對必要的。」

「但是，我接著說，假如你把錢存在銀行一直等到你去世，難道你不希望銀行把這筆錢轉移到你那依法有權繼承的親友嗎？」

「是的，當然。」他回答道。

我繼續說：「你難道不認為，把你最親近的親屬名字告訴我是一種很好的方法嗎？萬一你去世了，我們就能準確而不耽擱地實現你的願望。」

他又說：「是的。」

「當他發現我們需要的那些資料不是為了我們，而是為了他的時候，那位年輕人的態度軟化下來 —— 他改變了！」

「在離開銀行之前，那位年輕人不但告訴我所有關於他自己的資料，而且在我的建議下，開了一個信託戶頭，指定他的母親為受益人，同時還很樂意地回答所有關於他母親的資料。」

「我發現，一開始就讓他說『是，是』，他就忘掉了我們所爭執的，而樂意去做我所建議的。」

這種說話模式大體上脫胎於蘇格拉底的說話技巧。在蘇格拉底去世的 23 個世紀後，他仍被尊為這個爭論不休的世界上，最卓越的口才家之一。

他的整套方法現在稱之為「蘇格拉底妙法」。他所問的問題都是對方所必然同意的。他不斷得到一個又一個同意，直到他擁有許多的「是，是」。他不斷地反問，到最後，幾乎在沒有意識之下，使他的對手發現自己所得到的結論恰恰是自己幾分鐘前所堅持反對的。

今後，當我們要自作聰明地對別人說他「錯了」的時候，可不要忘了蘇格拉底，應提出一個溫和的問題 —— 一個會得到「是，是」反應的問題。

身為一個成功的領導者，一定要牢記這句充滿智慧的格言：「輕履者行遠」。

虛心聽取相反意見

本田宗一郎是日本著名本田車系的創始人。由於對日本汽車和摩托車業的發展做出巨大貢獻，曾獲日本天皇頒發「一等瑞寶勛章」。在日本乃至整個世界的汽車製造業裡，本田宗一郎可謂是很有影響力的重量級傳奇人物。

1965 年，在本田技術研究所內部，人們為汽車內燃機是採用「水冷」還「氣冷」的問題發生激烈爭論。本田是「氣冷」的支持者，因為他是領導者，所以新開發出來的 N360 小轎車採用的都是「氣冷」內燃機。

1968 年在法國舉行的一級方程式冠軍賽上，一名車手駕駛本田汽車公司的「氣冷」式賽車參加比賽。在跑到第 3 圈時，由於速度過快導致賽車

失去控制，賽車撞到圍牆上，油箱爆炸，車手被燒死在裡面。此事引起了巨大反響，也使得本田「氣冷」式 N360 汽車的銷量大減。因此，本田技術研究所的技術人員要求研究「水冷」式內燃機，但仍被本田宗一郎拒絕。一氣之下，幾名主要技術人員決定辭職。

本田公司的副社長藤澤感受到事情的嚴重性，就打電話給本田宗一郎：「您覺得您在公司是當社長重要呢？還是當一名技術人員重要呢？」

本田宗一郎在驚訝之餘回答道：「當然是當社長重要啦！」

藤澤毫不留情地說：「那你就同意他們去做『水冷』引擎研究吧！」

本田宗一郎這才省悟過來，毫不猶豫地說：「好吧！」

於是，幾個主要技術人員開始進行研究，不久便開發出適應市場的產品，公司的汽車銷售量也大大增加。這幾個當初想辭職的技術人員，均被本田宗一郎委以重任。

1971 年，本田公司步入了良性發展的軌道。有一天，公司的一名中層管理人員西田與本田宗一郎交談時說：「我認為我們公司內部的中層主管都已成長起來了，您是否考慮一下，該培養一個接班人呢？」

西田的話很含蓄，但卻表明了要本田宗一郎辭職的意圖。

本田宗一郎一聽，連連稱是：「您說得對，您要是不提醒我，我倒忘了，我確實是該退下來了，不如今天就辭職吧！」

由於涉及到移交手續方面的諸多問題，幾個月後，本田宗一郎便把董事長的位子讓給了河島喜好。

對員工所提出的相反意見，甚至讓其辭職，本田宗一郎都很爽快地接受了。這樣一位能虛心聽取員工意見的領導人，怎麼會不讓員工們敬佩呢？難怪，本田公司至今仍屹立不搖。

身為一個領導者，無論你地位有多高，或你擁有多麼巨大的成就，都

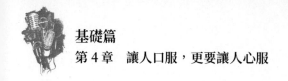

不可避免地會犯這樣或那樣的錯誤。虛心聽取員工與自己相反的意見，能讓你的領導地位更加穩固，能使你受到更多的擁護。

　　無論是誰，每個人都會經歷事業上的倒 U 字曲線，即由昨日的先鋒、權威，成為今日的不合時宜落伍者。這並不可怕，可怕的是你仍以昨日的感覺坐在位子上發號施令。解決這種可怕情形的辦法，即是虛心地聽取員工的相反意見，並予以改正。

要當領導者就要善於說「不」

　　某公司的負責人說：「成為經理的必要條件之一，就是要善於說『不』。」說「不」非但要有勇氣，也要有意志力。對於是非判斷的事情，如果對方是錯的，說一聲「不」就可以解決了！然而有很多事情，雙方都是各執己見、各說各話，對方若執拗、不肯罷休的話，更是費事。有時會讓人認為，或許是自己錯了也說不定！此刻若能毫不猶豫地說「不」，確實需要堅強的意志。

　　拒絕對方的說服，亦可稱為反說服。但不能只是說「不」，必須讓對方了解你為何說不。要點如下所述。

- **不可貿然說「不」**：有人一碰到說服，會馬上直覺地說「不」。但別人之所以會向你遊說，也可以說是信賴你，才會想來說服你。若讓他碰釘子，他會覺得尷尬的。因此應先表明：「不能如你願，真是對不起。」向他道歉之後，再好好說明不能答應的理由。

- **明確地說出來**：若能坦白地說出理由，被拒絕的人就不會留下不愉快的印象。

- **明示替代方案**：「這一週不太合適，下週或許可以幫得上忙。」「向

XX 科拜託看看，我可以出面幫你說。」提出目前自己能力所及的替代方案。

▌如何讓對方順利接受「不」

如何讓對方高興地、順利地、心悅誠服地接受「不」，要有一定的說話藝術。下面介紹幾種說「不」的藝術。

1. 讓對方覺得被拒絕有利

日本明治時期的大文豪島崎藤村被陌生人委託寫某本書的序文，幾經思考後，他寫下了這封拒絕的回函。

「關於閣下來函所照會之事，在我目前的健康狀況下，實在無法辦到，這就好像要違背一個知心朋友的期盼一樣，感到十分的懊惱。但在完全不知道作者的情況下，寫一篇有關作者的序文，實在不可能辦到，同時這也令人十分擔心，因為我個人曾經出版《家》這本書，而委託已故的中澤臨川君為我寫篇序文，可是最後卻發現，序文和書中的內容不適合，所以特別地委託，反而變成一種困擾。」

在這裡，藤村最重要的是要告訴對方「我的拒絕對你較有利」，也就是積極傳達給對方自己「不」的意志的一種方法。而這樣的說辭，又不會傷害到委託者想要達成的動機。

通常，當我們被對方說「不」而感到不悅的理由之一，是因為想引誘對方說出「好」來達到目的的願望在半途中被阻礙，因而陷入欲求不滿的狀況。所以既不損害對方，又可以達到說「不」的最好方法，就是讓對方想委託你時，當「達成動機」被拒絕後，反而會認為更有利的是另一種「達成動機」，只要滿足這種「達成動機」就可以了。

藤村可以說是十分了解人的這種微妙心理，所以暗地裡讓對方覺得

「被我這樣拒絕，絕對不會阻礙你目的的達成」。這種方法，在主管面試應徵者或拒絕部下的請示時經常使用，雖然結果相同，但要讓對方覺得說「不」，是為了讓對方有好處，這不僅不會損害到對方的感情，而且還可以讓對方順利地接受你所說的「不」。

2. 利用對方所喜歡的話題表達「不」

日本成城大學名教授堀川直義說，面談基本上可以分為「引誘」與「強制」兩種。「引誘性面談」方式，意味著從對方那裡去引誘出「事情」和「人品」等目的；而「強制性面談」則是將自己的意志或感情，強調給對方的一種目的，當然，說「不」的方法也可以利用這種方式。

一位老師曾講了以下這則事例。

「幾年前我在指導學生論文時，發生了這樣的情況，說來奇妙，學生和老師之間似乎有所謂投緣與不投緣的情形，當老師的人或許不應該說出這種感覺才對，即使彼此之間不是很投緣，也要應用各種方法來加深彼此的感情。指導不投緣的學生相當耗費精神，因為這種情形下指導的學生常常會『不及格』，加上雙方的意見又很難溝通，所以想讓對方寫出理想的論文是不太可能的。在這種無法啟齒溝通的情況下，根本不可以給合格的分數，這對雙方來說都是不愉快的經驗。」

「約在 2 年前我就指導了一位這樣的學生，果然不出所料，他的論文成績不盡理想。但我不敢直接表示出來，於是想出了一種方法，就是向他詢問，什麼事他最感興趣。他說他喜歡狗，甚至已到瘋狂的地步。恰好我和家人都是愛狗的人，所以我們約有半小時的時間，都在討論狗。」

「而當話題告一段落時，他突然自己開口說他的論文確實有點不太好，而想朝另一個主題去發展。計劃一面談論寵物，一面分析現代家庭的結構。最後，他的論文進行得很順利，成績也十分理想。」

要讓自己的「不」使部下無法抗拒，不妨利用對方喜歡的話題，就十分有效。這種利用話題讓對方自動地和自己說話，達到讓對方接受「不」的目的，不僅不會讓對方感到不悅，而且也不會讓對方感到欲求沒得到滿足。比起強制對方接受「不」的方法，這種引誘對方接受「不」的方式，可以說有效得多。

3. 反覆運用「部分刺激」

我們曾聽說過可以負載幾萬噸水壓的堤防，卻因為螞蟻般的小洞而崩潰的例子。最初只是很少水量流出而已，但卻因為不斷地在側壁劇烈地傾注，最後如怒濤般地破堤而出。

說服中的暗示技巧，和這種情形有異曲同工之妙，這種「部分刺激」的方法，就是對任何難以說服的人，尋找出他的某一弱點而徹底加以攻擊。雖然說這種難以被人說服者在外表看起來，是毅然不動如同牢固的牆壁一般，但只要反覆地攻擊他的這一小部分弱點，就可以讓對方崩潰。

例如，為了讓不是長得很美的女性之心理屏障被攻破，可以反覆地說「妳的嘴很美」、「妳的嘴巴有無法形容的魅力」、「妳和女演員一樣」等反覆加以讚美，這會讓這位女性逐漸感覺到她自己正被別人暗示她很美，從而把心理的牆壁拆掉。

這種方法可以適用於說「不」的技巧，也就是說，要對不可能全部接受的頑固對方說「不」時，反覆地進行「部分刺激」，而讓對方全盤接受你「不」的意思。

例如，朋友向你推薦一名大學畢業生，希望在你管轄的部門謀求一個職位時，想在不傷害感情的情形下加以拒絕，這時可以針對年輕人注重個人發展和待遇方面，尋找出否定的理由，反覆地說：「我們這裡也有不少大學生，他們都很有才華……」、「這裡的福利待遇很一般……」、「在這

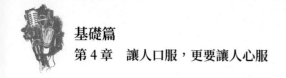
裡做，實在太委屈你了……」等等，相信那位大學生聽了這些話後，心裡就會產生「在這裡沒什麼前途」的想法，再也不糾纏，客氣地向你告辭。

4. 列舉「是」的不是之處

戰國時代的韓宣王，他有一位名叫繆留的諫臣。有一次韓宣王想要重用某2個人，詢問繆留的意見，繆留說：「曾經魏國重用過這2人，結果喪失了一部分的國土；楚國用過這2個人，也發生過類似的情形，所以現在重用這2個人，可能會把國家賣掉。」

後來，繆留還下了「不重用這2個人比較好」的結論。其實，對方即使不是宣王，在聽到這樣的結論後，也絕對不會重用這2個人的。這是《韓非子》裡相當著名的故事。

這種說「不」的方法，之所以這麼具有說服力，主要是因為這2人有過去失敗的經驗造成的，但繆留在發表意見時，並沒有馬上下結論。他先對具體的事實作客觀地描述，然後再以所謂的歸納法，判斷出這2人可能遲早會把國家出賣掉的結論。說服的奧祕就在此。相反，如果宣王要他發表意見時，繆留一開口就說：「這2人遲早會把我國賣掉」等等，結果會怎樣呢？可能任何人都會認為「他的論斷過於極端，似乎懷恨他們，有公報私仇的嫌疑。」形成不易讓大家接受「不」的心理，即使他在最後列舉了許多具體事實，也可能無法造出類似前面所說的客觀事實來。

所以，上司必須向部下說出他們不容易接受的「不」時，這一點要千萬牢記才行。也就是說，不要先否定性地說出結論，而運用在提議階段所否定的論點，即「否定就是提議」的方式，完全不說出「不」，而只是列舉「是」時可能會產生的種種負面影響，如此一來，對方還沒聽到你的結論，自然就已接受你所說「不」的道理了。

至於否定性和負面性，並非否定，而是否定性的意思，不要強迫對

方接受「不行」、「不要」等斷然的主觀判斷，利用表現出如果自己說「是」，會產生多大的不便，這種方法可以讓對方心中的抵抗較不易滲透進來，而在這時候才說「不」。

5. 讓微笑在說服中途斷掉

世界名畫「蒙娜麗莎的微笑」，幾百年來一直被認為最富神祕感的原因，是在於她微笑的魅力。

和部下接近時，應該盡量露出微笑，而對方也回以微笑，就可以在這種和藹的氣氛中加深感情的溝通。因為微笑是無需任何言語就可以表示和對方有「同伴意識」或「默契和了解」的，可以說是推進感情的潤滑油，而像這種潤滑油如果中途斷掉的話，會在對方的心理產生一定的影響。

如果微笑中斷，會表現出「我不懂你在說什麼」或「和你已經不是夥伴」的訊息，也就是說，想讓對方的感情溝通中斷，只要利用微笑中斷就可以了，如此一來，對方心裡會感到不安，開始擔心他說話內容可能被完全否定。

確實，在人和人來往的舞臺上，要以含糊微笑來表現的場合，可以說是不少，可是如果下定決心不想接受對方所提出的要求時，因為不想過於乾脆地拒絕對方，不妨還是用暫時性的微笑，然後再突然中斷微笑比較有效。

而微笑中斷，是意味著仍然和對方保持基本上的人際關係，但又想拒絕對方要求最恰當的方法。

6. 切忌「順我者昌，逆我者亡」

有「順我者昌，逆我者亡」思想的主管，在員工眼裡是不會有好印象的，「專橫跋扈」會成為這類主管的代名詞。身為主管，不管是處世，還

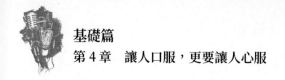
是待人，都要堅持以理服人的原則，不能隨心所欲、胡亂所為。

　　商朝最後一個帝王紂王，是一個暴君。萬事順其者昌，逆其者亡。其叔比干勸諫其不要貪戀女色，要以國事為重，這本是對商朝社稷有利之事，而紂王卻認為他忤逆了自己，將其心肝挖了出來。

　　這種順我者昌，逆我者亡的帝王或暴君，其結果都正如殘暴的紂王那般，葬送了江山。

　　身為主管不應該成為暴君，所以，當主管不僅應該講原則，還應該講求領導藝術，不能萬事只憑一時衝動，一定要控制情緒。有些人脾氣暴躁，情緒容易失控。這些人一旦成為主管，只要一碰到不如意的小事，便大發雷霆，把員工訓斥得一無是處。這正是「順我者昌，逆我者亡」的表現。

　　有一次，一個小飯店的電線壞了，照例是由水電工來修理，但這必定會耽誤時間。而停電肯定會影響飯店的營業。有個廚師為了節省時間，便忍不住上前修理。雖說他的本意是好的，但這一次卻事不湊巧，飯店的管理者恰好趕來，不問青紅皂白，就把這位員工狠狠責罵了一頓。

　　這種做法必定嚴重挫傷員工的積極度，以後等到店裡再出現類似事情，恐怕員工都會以不是本職工作而默然處之了。

　　動不動便因為員工的言談舉止不合主管的意便大發脾氣，這種極為不明智的大吼大叫、出言不遜，不僅會有損主管形象，還會造成更深的不利影響。

　　有「順我者昌，逆我者亡」這種想法的領導者，凡事好專權，喜歡把員工們管得嚴嚴密密，讓他們服服貼貼，在具體事情上，喜歡對員工工作吹毛求疵，甚至過問干涉他們的私事，所有這些都是不明智的。

　　追求自由是人的天性，沒有人喜歡被別人嚴格控制。一般的人都會對

這種專制型的做法持反抗心理，把這樣的主管看作是暴君。如果總是干涉員工們的私事，向他們提出不甚合理的要求，久而久之，他們會對你採取抵制、敵視態度，你的一些公務上合理的要求與建議，也許一併被他們置之不理，或許他們還會在工作中弄點小聰明來「回敬」你，讓你防不勝防，最終吃虧的還是你自己。

過分的固執和專權，必然會引起員工們的反感。長時間的「順我者昌，逆我者亡」，必然會引起員工的報復，到那時候，恐怕你是無法再和員工一起工作了。

因此，身為領導者不應該太專權，應該考慮員工們的所思所想，別讓自己的專權引起員工們的反感與報復。要給員工們一定的自由空間，讓他們去自由自在地發展，要經常與員工進行溝通，不要總靠權威去控制他們。

▌不同個性的人的說服方法

管理日本巨人隊而有輝煌成績的教練牧野茂，其成就早就為人所肯定。

牧野在當教練之初，對選手的訓練非常嚴格。他曾對某個選手說：「看你這散漫的樣子，在家鄉的父親不哭死才怪！」選手也冷冷地回嘴道：「我爸爸早在10年前就死了哩！」從此以後，牧野對每位選手的成長、家庭環境、個性等等，力求詳細了解。

說服的進行，若沒有十分了解對方內心的話，定會失敗。然而了解人的個性實在也不是件簡單的事。

不了解自己個性的，大有人在，自己都不了解自己，如何去了解他人？明確而無誤地了解自己也許比較困難，但是，大致上是屬於什麼類型的個性，總可以了解吧！

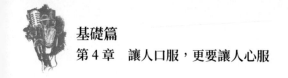

下面把人類的個性分成 6 種類型來分析。

1. 攻擊型 —— 引人注目型

有很強烈的表現慾，喜歡以自我為中心，總希望站在別人的前面。只要有超越自己的人，就立刻予以攻擊，採取強制的手段。又會不懷好意地挖苦對方，令對方下不了臺。為顯示自己的特別，喜歡裝闊，更愛故弄玄虛，但事實上卻是異常膽小。

說服時不要太勉強，有必要顧全他的面子，而且別忘了，事先得有相當的準備才行。

2. 爆發型 —— 衝動型

容易衝動，但也清醒得快，屬於性情不穩定的人。情緒好的時候能發揮所長，然而有時也會得意忘形。要他穩定下來比登天還難，所以深入探討一件事情或擬出切實可行的方案，對他而言都是苦差事。說服時最好能訴諸於感情，有時不妨使他勃然大怒，以此激發他的幹勁。但是要考慮周詳，謹慎行之，以免壞事。

3. 憂慮型 —— 杞人憂天型

行動消極，不善言談，緊急時發不出力量，只會一味擔憂。但他原本是相當積極的，由於對自己的期望值過高，因此只要碰到與現實無法相配合的狀況，就會意志消沉。由於他在眾人之中並不出色，所以自我意識相當強，非常在意別人的批評。對此類人，說服的要點是：暗中接受他的想法，且平日應盡量多培養他坦率、不受拘束地暢談能力。在他行動不夠積極時，千萬別威嚇、冷落他，因為這樣會使他喪失自信心。希望製造和諧的氣氛積極地幫助他，如果能獲得他的信任，將會成為很好的夥伴。

4. 冷靜型 —— 冷靜的、講理的類型

從事精細工作的技術人員、研究人員，大都屬於此類型。他們經常是冷靜地思考事情，處理事情一絲不苟。他們也不太搭理別人或關心別人，但因為工作能力很強，是能達成指派任務的人。

說服的重點，以很平常的輕鬆口吻去勸說，用不易親近及過於客氣的態度反而不得要領。其次，對於自己所無法接受、理解的人，若絮叨不已或訴諸以情，那是徒然的，反會產生反效果。若以剖析整理的方式進行說服，應是較為妥當的。

5. 固執型 —— 拘泥型

太過拘泥的頑固者屬此類型。屬於此類型的人，一語既出就不輕易地改變所言，對事情過於認真，且對已經決定之事絕對遵守，所以對規則甚為迷信。謹守時間，準時赴約，若有誰遲到會一直記在心裡。這種類型的人常被評為拘泥於形式、缺乏幽默感、不知變通等，雖然如此，他依然我行我素。

此類型的人，頭腦頑固、視野狹窄，是不易相處的人。個性沉穩不浮躁，能以堅忍的意志及無比的耐心處理事情並完成之。

此類型的人若能虛心採納別人的意見，積極配合，會大有可為；但若不能敞開心胸，將自己局限在小天地裡，性情將會變得乖僻，太過重視規則及程式等繁文縟節，別人自然對他敬而遠之。

說服的重點，在於必須博得此類型人的信賴。你若一副漫不經心的樣子，做事馬馬虎虎，無形中便會失去信用而減弱說服力。此外，此類型的人對長幼次序意識很強烈，因此，若是長輩，就要有長輩之威儀；若為後輩，對長輩要嚴守禮節。而且，此類型的人大都懾於權威，若能借權威之名說服他，則無往不利。

6. 要領型 —— 精巧型

待人親切、和藹，但表裡不一，當你對他信賴有加時，他卻在重要關頭逃避。當事情進行順利時，他會情緒高昂地哼唱著，但一旦事情變得複雜，他卻狡猾地見機逃脫。凡事只看表面，不能深入，不實事求是，不能負責。

他的個性坦率而受人喜愛，又具有熟悉環境的特性，但他逃避責任，所以常受「狡猾」、「不實在」等詞語的責難。

表面看來，他是做事草率的人，實際上卻是個小心謹慎的人。

說服的要點在於減輕他的負擔，多讓他做容易處理的事情，以慢慢訓練他負起責任。這種人大都較為敏感，盡量少用「狡猾」之類的字眼加諸他身上。

▌說服難纏的人的方法

對事物的看法、價值觀、性格等，因人而異，要找到完全相同的 2 個人，幾乎是不可能的，而且有容易說服的人，就會有不容易說服的人。

若真要談說服的樂趣，大概可以說是如何說服難纏的人，說服他們去行動。看清以下這些類型的人，學會如何應對的技巧，這樣，說服會變得越來越容易。

1. 優柔寡斷的人

第一個方法是，時間的限制。

工作的完成也是與時間在競賽，即使是早已預定好的期限，眼看著時間一步一步的接近，有些人還是沒有全力以赴在做，所以當然無法在約定的時間內完成。對於這種優柔寡斷、意志力薄弱的人，就需要設定「最後期限」來限制他。

「XXX，計畫中的工作有順利進行嗎？」

「是，沒問題，可以如期完成。」

可是時間一到，卻完全沒有按照預定的進度進行，詢問的結果卻是：「請再等2、3天，因為有一些事耽擱了，所以……」以這般藉口推卸責任，且周而復始，一再重複。這種類型的人總是一副「沒問題」、「時間還沒到」滿不在乎的樣子，只要有「還……」的心態，就無法很乾脆地解決事情，這就是人性懦弱的一面。

因此，儘管做法有點強硬，最好還是先跟對方說清楚，「機會只有這一次」，要以限定時間的壓迫感去拆除阻礙決斷、行動的「反正還有時間」的意識之牆。再來就是數字的限制。

「只限200臺」、「只有前50個名額」，類似這些限制數量的用語，可以常在報紙的廣告上看到。

對於個性優柔寡斷、做事慢吞吞的人，就應該要灌輸其時間和數量的概念，即是「只有這次」的限制意識。

2. 囉嗦、愛挑剔的人

人們常說：「一言以蔽之」，可是能完全了解這句話的人卻很少。

這一類型的人，也就是對自己所說的話，沒有能一次就說清楚，且能讓對方明瞭的把握。所以，這類型的人，雖說自尊心很強，但另一方面也可以說是自卑感很重。

對於這種類型的人，與其說用說服的內容讓他接受，倒不如說是情緒上的影響來得較重。由於他們的個性不夠好，愛發脾氣，說服的成功與否全在於其情緒反應，所以一開始只能耐心地聽其發表意見。

「請盡量說說你的看法。」然後對方便開始滔滔不絕地發表意見。

之後再委婉地問對方：「聽你這麼一說，確實有問題存在。」再一次確認其意見較好。

然後再說出：「不過，我有這樣的想法。」再慢慢地將想要說服的內容井然有序地說明。

或許對方可能會有「話雖是這麼說……」、「但是……」的反對意見，不過依其囉嗦、善變的個性，很難令其立刻贊成。

其實，這種人也不是完全不講道理，只要能讓他們接受，然後再有條有理地說服，必能達成目的。

3. 愛窮根究底的人

愛窮根究底的人頭腦很聰明，但是卻讓人感覺不和善，不容易親近。

要說服這類人，只能走有條有理的說服之途。

「那……有點奇怪的地方，不用那麼拘泥於此，不是嗎？」你這樣有一點點敷衍意味的說法，立刻會被追問到底。所以說，只要說服的內容有一點點矛盾，對方是絕對不會接受的。

因此，如果說服的內容裡有些許的疑問，要先坦率地提出來，同時也提出解決之道。

比如說：「這個方案或許在 XX 這一點上會有問題出現，可是其原因在於 XX 的阻礙。不過，已有 XX 的方法，可以完全解決這個問題。」能夠提出解決之策的話，就能說服他。

而且也可利用「關於這一點，你有什麼看法嗎？」的對答，來探查對方的想法。基本上，對於這種要用說理來令其了解、接受的類型，是需要時間的，要耐著性子、有耐心，以誠懇的態度對待他。

4. 常說話帶刺的人

被正面直接地提出反論「不是那樣的」還好，要是被人諷刺、挖苦、批評，不管是誰都會感到不悅。

就像是說：「這個案子，需要有策劃能力的人協力去做。」這類型的人便會挖苦地說：「我們公司裡有這樣的人嗎？」

或是說：「這個策劃設計得很有趣。」他便會說：「真的嗎？……真不能相信你的水準。」

就因為這樣的個性而常被周圍人排擠，他們時常有無法與人相處的疏離感，而且自尊心極強，一旦有危害到自己的預感，馬上全力「出擊」，但是另一方面，他們的表現慾也很強。所以，其想逃避的心態可以理解。

像這樣的人，即使心裡真的這麼認為，也不會坦白地說出「是，真是如此！」。對付這種彆扭的個性，要仔細考慮用適當的話來說服他。

最好是能讓這種人感到「我和其他人的工作態度不同」。例如，委託他工作時，「這件案子，只有你才能辦得好，其他人都沒有辦法。」像這樣的說法，大大地肯定了對方存在的價值，使他也有期待得到好評的心情。

5. 頑固不化的人

這一類型的人絕不是因為腦筋呆板，卻秉持只相信自己的信念，堅守自己的原則。而且他們做起事來一板一眼，似乎開不起玩笑。

要是對這樣的人說一句：「你的想法錯了」，就會遭到他強烈反對：「不用你多管閒事，要怎麼做我自會決定。」

有位哲學家曾說過：「想要說服對方，首先要將自己的意見整理清楚，且有條有理地詳述出來。最後還請加上『這只是我的想法，或許觀念不正確也說不定』這句話。」

總之，詳述完自己的意見之後，立刻再補上一句「也不完全是正確的」，這樣才不致讓人感覺太主觀，這樣才能讓對方頗有同感地說出：「原來如此！」

其實人都有這種心理，當他人做出讓步時，自己也會產生「或許我的意見錯了也不一定」的想法。

因此，對於這種頑固不化的人，就該用這種特別的「讓步作戰」才有效。

就像你和朋友發生爭論，互相鬧彆扭時，你走向對方說出「我說得有點過分了」的道歉，對方也會不好意思地說：「我似乎也說得太過分了」，這是同樣的道理。

6. 容易感情用事的人

常常只是一會兒的功夫，情緒可以立刻轉變。不過這種類型的人，出乎意料地容易被說服。

一般剛上任的管理者，一旦遭到部門裡倚老賣老員工的反對：「我現在忙得要死，誰有空去想什麼！」必不敢再去惹他。但是，對於經驗豐富的老手來說，卻認為「這是個機會」，為什麼會這樣呢？

其實是因為，那種情緒化的人以自我感覺為中心，遇到心情不佳，特別又碰到自己占優勢的情況，馬上就會任意地將情緒發洩出來。

但是，不管是興奮還是生氣，在情緒發洩之後，自己又會產生「做了不該做的事」的內疚感，所以有經驗的上司就會看準這時機進行說服，這時，對方往往都不會拒絕。

因此，當對方感情用事、亂發脾氣時，暫且給他點時間，這是必定遵守的原則。

一旦情緒發洩過後，心情較穩定，他們便有可能說出：「你啊！在我正忙碌的時候來干擾，也難怪我會大聲怒罵，不是嗎？」

對於這種動不動就發脾氣、很情緒化的人，只要讓他發洩之後消了氣，這時再來說服他，就很容易令其接受你的意見。

7. 吹毛求疵的人

那些有經驗的主管認為，對什麼事物都吹毛求疵、窮根究底的人，其實比較容易被說服；相反，對於那些平素看起來吊兒郎當、沒什麼了不起意見之人的拒絕、反對，反而相當棘手。

首先，那些對於什麼事都吹毛求疵的人，要專心地當他的聽眾，隨聲附和，探究出其計較的根據比較容易。當他在發表意見時，不要插嘴，要專心注意聆聽，貫徹做「好聽眾」的責任，就會發現說服他們竟是如此容易。

不論是誰，受人敬佩，被人尊敬，自然就會敞開心胸面對一切，這樣，所有的不滿、不平、反感這些情緒，也會漸漸變淡。

這樣一來，也就不會那麼拘泥於自己的主張，而能夠仔細地好好思考別人的建議。

8. 對事物漠不關心的人

你也曾遇過那種無論你說什麼，他就是不開口說話，或只是隨隨便便應付的人吧！儘管你再怎麼表示你的誠意，對這種類型的人也是「白費力氣」、「徒勞無功」而已。

對於這樣的人，非得採取正面進攻的方法。首先，先找出對方真正關心的是哪些事物，接下來將說服的內容盡量轉向對方感興趣的方面，循序漸進的來誘導對方。

就領導者而言，只要能引起下屬的興趣，可以說已有 70%的成功機率。所以，讓對方感興趣是很重要的因素，要說服成功，就要為對方提供更吸引他的資訊（說服的內容）。

舉一個例子。她對於去新樂園的邀請不怎麼感興趣，如果當時只是用「去嘛！去嘛！」這樣熱情的勸誘，或許她還是不會答應。那麼就換個方

式邀約：

「下次，我們一起去那個叫做『新樂園』的樂園玩。」

「嗯……不過我沒什麼興趣。」

「可是，我去過的朋友說，那裡的遊戲有他從未感受過的驚心刺激，非常的棒。」（提高其興趣）

「真的嗎？真有那麼刺激？」

「是真的。是我那個很喜歡去遊樂園玩的朋友說的，絕不會錯。」

「那……我們下次去看看。」（確定其關心）

「而且，那裡聽說還有妳最喜歡的 XX 商店。」（給予其附加價值）

「太好了，真高興。那麼，我們這星期六就去。」（使其決定）

對事物漠不關心的人也有他感興趣的事，用類似的經驗提高其期待感，就可以引起他們的關心、注意。

9. 不信任他人的人

不被對方信賴，得不到其信任，那麼連第一步都邁不出去。

比如證券業的業務員，由於這種類型的工作牽扯到金錢，若不能得到對方的信任，便無法說服對方。更何況是關係到有風險且金額龐大的產品，顧客的不安更為之提高。因此，人與人之間的信賴關係是第一重要的條件。

「你們所說的話，令人難以置信，實在不能信賴。」像這樣，當對方有強烈不信任感的時候，就要先探查出對方心中所希望的是什麼？但是這個時候，不要馬上急著推銷自己公司的產品。「如果您認為是這樣的話，那就把錢存在安全可靠的銀行裡才是明智之舉。」提出大概和對方原本期待之外的提案。

對方本來以為你會極力推銷自己公司裡的產品，卻因為你提出到銀行存款的建議而吃驚。

就因為這樣的落差，反而讓對方產生信賴感，也會覺得「這是個好人，值得信任，或許之前我的想法是錯的。」

就像一個平常似乎不怎麼信任你的人，卻在開會時說出：「我贊成XXX的意見」而投你一票，自己心裡不禁也會認為：「那個人是真的能了解我的人吧！」

若是能善用這種「落差感」，去除彼此間的不信任，那麼所有的說服將會進行得更順利。

10. 容易猜忌的人

對任何事都很謹慎小心的人，或過去曾有不好人際關係的人，猜疑心似乎都很重。

所以，說服的另一面 ── 「信用」也很重要。只要和這種類型的人有所約定，就應完全遵守，若無法完全遵守，對方就絕對不會被你說服。

碰到實際的說服場面時，所有的內容都要句句屬實、具體說明，切記：要用正確的數字、適當的實例等來說明，使對方能清楚明瞭。

不要只強調事物的優點，連缺點也該完全地交代，讓對方了解，這將增加你的信譽。

其實，所謂的過度猜疑，也可以說是出自心中的不安。因此，要先有技巧性地問些需要描述性的問題，探查出他不安的原因。而且，要點明「你不安的原因是XXX，若是這一點的話，請你不用擔心。」類似這樣的說法，能使成功的機率大大提升。

11. 沉默寡言的人

人們常把那些連針扎在屁股上都不會叫「哎呀」的人，稱之為「木頭人」。

比如，女職員想辭職，問她理由，她默不作聲，用種種方法都不能讓她說出原因，不久她就開始哭起來。「真是沒有辦法。」大多數男性會說，「知道了，我會跟長官講的，好了，妳不要再哭了。」事實上他什麼也不清楚。沉默對說服者而言是大敵。

世上有很多所謂金口難開的人，如果讓他繼續保持沉默的狀態，說服是永遠無法成功的。那該怎麼辦呢？

金口難開的人並非對任何人都是沉默的。他會因對象的不同，或說話，或不說話。他通常與率直和沒有心機的人說話。所以，對沉默的人，最好平日就找他聊聊天、開開玩笑，和他溝通感情。

若能使沉默的人展現笑顏，說你是個很有趣的人，事情就好辦了。因他已對你產生親切感，你再也不必為他的沉默所苦惱了。

「人本來就應該輕鬆的呀！」這是專為使對方快樂的說法，是個相當理解人性的人，哪裡是輕浮不莊重呢？

但也不能跟他開太過分的玩笑，否則會引起他的反感，而更加沉默。應付這種人最好從容不迫，用平和舒暢的態度來接觸。有機會就可進言，不談特別深入的個人問題，只談工作上的問題。

▌雙贏是說服的最高境界

「讓我們2人都贏」，這種雙贏的關係，在領導者與被領導者之間意見分歧時，是一種應該被提倡的美德，也是說服術的最高境界。

當人際互動一再陷入彼此的對峙時，就會擴散敵意性與離心力，造成「贏」、「輸」的局面。所以，「2人都贏」絕不能流於口號，它必須是領導者人際關係成熟的具體表徵。

如何做到雙方都能平心靜氣的方式，有以下幾個方面。

1. 尋找交集點

這是一個「協商的時代」，而不是「暴力的時代！」

重點是要找出「我們 2 人都願意」的可能性與可行性，把協調視為「尋找交集點」、「擴展思維」的過程，而不是「製造敵人」的時候。

甚至要認清雙方的不同不是「敵對」，只是「不同」而已。因此，切勿心存「打倒」對方的偏激想法，只求贏得個人主觀的勝利。

不只如此，協調時應積極視分歧為拓展人際影響範圍的關鍵時刻，也就是培育個人恢弘氣度，建立人際關係的時候。

對於一個成熟的領導者而言，分歧就是人際關係需要「重組」的訊號，甚至是調整關係，培養關係的契機。

2. 分歧是關係重組訊號

假如在一個企業裡，只要有人與領導者的觀點不同，便會遭到主管無情的貶損與批判，久而久之，員工們就會保持沉默，形成「一言堂」的局面。

當員工意見、感受、觀點與自己的不同時，身為主管，可以誠懇的語氣說：「在這一點的看法我們有所不同，讓我們一起來想出大家都滿意的方法。」或「讓我們一起想出對公司最有利的策略。」

語詞上，強調的是「我們」，而不是「你」、「我」的對立，不但沒有任何貶抑的用語，反而只有誠意的邀請，邀請對方一起來解決問題。

3. 分歧就是了解的時候

表面上，A 先生是為個人休假時間憤憤不平，在表達中卻又同時夾雜著個人一籮筐的家庭困擾、同事紛爭及情緒問題，很令他的上司摸不著頭緒。

在分歧中，上司必須先確認對方真正訴求的主題。到底是單純尋求問題解決的可能性；或只是抒發個人對公司的不滿、牢騷與憤怒；還是純為雞毛蒜皮的小事無理取鬧；又或是希望借此以引起主管的注意；或是對方的自我困惑與矛盾。

「分歧，就是了解的時候。」既是主管探索對方需求的時候，也是幫助對方理清困擾的時候。

4. 人性化的互動

「執拗的人自以為擁有看法，其實是看法擁有了他！」這句話值得深思。

遇有觀點差異或人事困擾時，要強調人性化的互動，而不是對權威的屈服或對強悍的抗拒。因為，若只贏得一時的爭論，卻換得每日上班見面時的痛苦，又有何益？任何協商，必須依規則來進行。

人性化的互動，至少涵括以下5個內容。

- **表達誠意**：不玩遊戲、不耍手段。有的人只要不合乎其意，就顛倒是非、一味抹黑，或賭氣冷戰，喪失應有的誠懇，使得辦公室成為戰場。要拿出誠意來與人溝通，這絕不只是一句口號。

- **保持禮貌**：說服他人時，仍需保持應有的禮貌風範，而不是自以為是的興師問罪、咄咄逼人、藐視或刻意挖苦他人。這才是「進退得宜」。

  不只解除他人的防衛，而且給對方思考的空間，如此反而能夠強化他的說服力！

- **維護尊嚴**：有尊嚴，才能有真正的溝通。沒有尊嚴的維護，就根本談不上溝通。

上司總是口無遮攔、冷嘲熱諷，或以高傲的語氣貶損他人，藉以凸顯自己的觀點，結果只會醞釀更大的紛爭與憤恨。

在協調過程中，每個人的人格尊嚴都必須被維護，不得有人身攻擊。不論是冷嘲熱諷的字眼，或是輕蔑鄙視的挑釁式肢體語言，還是咆哮怒吼的爭吵方式，都必須被禁止。

◆ **平等尊重**：不等別人說完，上司就頻頻打斷話題，搶先發言，更以其不屑的語氣，用食指指著別人、數落別人，這種「威權」的作風，令員工們深感不是滋味。

在協調中，雙方不僅要輪流發言，且不可有強勢與弱勢之分，更不可用威迫、恫嚇等手段。若有違反此規則的現象，便可運用暫停法，中止協調的進行。

◆ **營造氣氛**：協調不僅是為了解決問題，更是為了能達成共識，因此，在協調過程中，還需懂得運用幽默來營造氣氛。

一個過分嚴肅的協調，只會造成下次分歧時更大的敵意。氣氛的營造，需要表達出誠摯、禮貌的態度。在語氣及肢體語言上，充分傳送善意給對方，使雙方減少不必要的防衛，能在輕鬆愉快的氣氛下，創造最好的協調效果。

如果在協調中，有人心理受到傷害，就是需要重新檢討的時候。

5. 基本協調的技巧

欲達到雙贏關係，還須懂得基本協調的以下技巧。

◆ **肯定表達法**：直接表明個人的觀點，使對方了解你的「位置」（重點在於陳述性批判）。

◆ **肯定互動法**：徵求對方的看法，藉以產生平等互動。

- **澄清法**：了解對方真正的意圖或讓對方更清楚自己。
- **引導法**：邀請對方展現理想化的自我。
- **同理化**：反映對方的感受。
- **三明治化**：有技巧地提出修正。
- **延宕法**：「延遲」個人當時情緒性的反應。
- **建議法**：誠懇邀請對方的合作。
- **回應法**：誠意回應對方的觀點。
- **安撫法**：以柔克剛的策略。
- **暫停法**：中止討論（宣布暫時休會，以免擴張情緒）。
- **察知法**：提醒此時此刻的互動狀態。
- **提醒法**：指出自己掌握的事實。

　　身為主管必須學會協調技巧、彈性運用的藝術，讓每一個技巧自然運作在領導藝術中。

實戰篇

第 5 章　即興演講的絕招

　　即興演講，是指在特定場合，由他人提議或自認為有必要而臨時進行的演講。這種演講是領導者常會遇到的事情，它更能體現領導者的思維應變能力及口語表達水準。領導者有必要提高自己即興演講的語言藝術水準，以便在這種場合下臨危不亂，應對自如。

即興演講的發言特點

　　領導者在參加討論會、茶會、歡迎會、歡送會等聚會場合時，經常遇到即興演講的機會，這種演講與一般的會議講話、報告不同。一般的會議講話、報告都有充分的準備，大多還有演講稿，而即興演講卻很少能做充分的準備，它有自己的特點。

- **即興演講的臨時性**：即興演講常常是「突襲」式的，領導者為情勢所迫，或由人提議，不得不講，往往是「逼上梁山」，倉促上陣。在一般情況下，來不及準備提綱，也不可能準備提綱。這時，只有靠自己的應變能力，根據實際情況和具體需要，在短暫的時間裡先打個「腹稿」，或邊說邊準備、邊準備邊說。

- **即興演講的非確定性**：領導者有時參加會議，只知其大概，並不知其詳情；有時本無安排自己講話，臨時突然要發言；還有時在會議中出現了意想不到的情況，需要見機行事⋯⋯。這些場合和情況就決定了即興演講的非確定性。即可能會議議題、目的、要求、人員對你來說是非確定的；本來的安排被打亂，你在這種場合中的角色、作用可能成為非確定的；因為出現了意外情況，需要隨機應變，你又可能成為非確定性的⋯⋯。所以，即興演講當然也就不得不面對著某種「不可知性」，具有非確定性了。

117

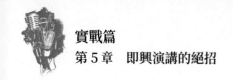

◆ **即興演講的禮儀性**：即興演講有很大的禮儀性。比如，你身為領導者出席會議，雖然不是主持人或大會報告人，但會議主持人請你講話，你一口拒絕似乎不太好，就得說幾句；或別人都發表了意見和態度，僅你緘口不言，有礙會場氣氛。出於禮儀、出於某種特殊情況和需要，有時確實不得不來個即興演講。這種即興演講，有的固然有「應景」、「多此一舉」之嫌，但有些還是必要的，否則可能就會大煞風景、破壞氣氛，甚至產生其他不良後果。所以，即興演講的禮儀性，也是不能不予以重視的。

精彩即興演講的幾點要求

即興演講，是一個緊張而複雜的思維過程，難度較大，領導者在演講實踐中，應針對以下幾點要求加以鍛鍊。

▌抓緊時間打好腹稿

即興演講需要臨場發揮。即興演講者在構思初具輪廓後，應注意觀察現場和聽眾，捕捉那些與講話主題有關的人或情景，因地設喻，見景生情，使演講生動形象，溝通與聽眾的感情。

即興演講雖然具有臨時性、突然性的特點，且時間緊迫，但大多時候也不是沒有一點時間給你準備的。應抓緊時間迅速準備，最好打個「腹稿」。至於這個「腹稿」該如何打，這要根據每個人的不同情況及不同場合而採取不同的形式。

首先，不管採取什麼形式，都要對即興演講的內容進行抽象概括。對訓練有素者和有豐富即興演講經驗的人，在講話之前的短暫時間裡，就能根據場合的性質、環境、人員、氣氛等，確定要講的中心內容，以及先講

什麼，後講什麼，不用專門考慮。而對於初次即興演講者來說，恐怕就會吃力些，不可避免地會出現一些漏洞，這需要在實踐中提升。經驗不多的領導者即興演講，可將內容高度濃縮，進行要點提示，以免疏漏。如我們要在歡迎新員工的會上即興演講，即要表示歡迎，又要根據這位新員工有關特長進行介紹。在擬「腹稿」時，我們可用「歡迎」、「新血液」、「學習」等諸如此類的詞來對演講內容進行抽象概括，以此當主幹，適當加以發揮。

其次，要組織好句群。所謂句群，也叫句組，是前後銜接連貫的一組句子，它是一篇即興演講的基礎單位。一個句群有一個明晰的中心意思，即稱為「意核」，它可以使幾句話連結成群。如果我們準備 3～5 個，或更多個「意核」發揮成句群，一篇即興演講「腹稿」就出來了。這裡值得注意的是，要掌握說句成群的技能。即興演講前可先想好幾個「意核」。如老同學聚會，有人突然提議請你即興發言。你可以迅速定好幾個「意核」：1 是參加聚會很高興；2 是奔騰的思緒勾起了美好的回憶；3 是大家此時重逢別有新意；4 是下次相會我們各自將會獲得更大成績。然後從容不迫地邊想邊說。有的講話可分幾大段、幾小條，每條定幾個「意核」。圍繞這些「意核」，或補充，或聯想，或舉例，先後次序可隨臨場的情景與心境相應處理。一個「意核」被充分發揮後，再照定好的下一個「意核」講。這種採取「打腹稿」的辦法進行即興演講，會更適合即興演講的臨時性特點，使即興演講既有條理性，又有靈活度。

▌用好的開場白打開局面

即興演講的開頭，也叫開場白，它很重要，能不能馬上抓住聽眾，往往決定著整個講話的成敗。好的開場白就像一個出色的導遊，一下子就可以把聽眾帶入他們擬設的勝境；好的開場白最易打開局面，便於引入正

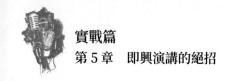

題。因此，開場白不能平鋪直敘、平庸無奇，而要努力做到不落俗套、語出驚人、出奇制勝、先聲奪人。

▌觀點鮮明，言簡意賅

領導者在即興演講的整個過程中，必須準確、鮮明，毫不含糊地擺出自己的觀點，以便讓聽眾了解你講話的目的。

古語說：「言不在多，達意則靈。」語言是傳達訊息和交流意見的工具，同樣，即興演講的技巧和表現手法也主要展現在語言的運用上。要言不煩，字字珠璣，能讓人不減興味；而冗詞贅語，嘮嘮叨叨，不得要領，必令人生厭。如林肯著名的格提士堡演說只有 10 個句子，但他的講話重點突出，一氣呵成。而當時的主持者艾弗萊特則語句嘮叨，內容龐雜，與之形成鮮明的對比。他用 2 個小時才接觸到林肯所闡述的核心思想，而林肯卻只用 2 分鐘就把自己的觀點闡述得既明白又非常深刻，博得了 15,000 名聽眾經久不息的掌聲，並轟動全國。可見，林肯駕馭語言功力之非凡。

▌生動活潑，抓住聽眾

即興演講務求生動活潑，機敏引人，增加臨場氣氛，服務活動主旨。領導者可用聽眾比較熟悉的特定地點、特定節目，或有某種象徵意義、紀念意義的實物等來設喻，使抽象的道理說得生動形象，增加演講的通俗性和說服力，讓人聽起來親切動情。

即興演講，貴在有「興」。興有所激，興之所至，乃是吸引、激勵聽眾的重要因素。因此，即興演講者應講究藝術手法。在內容上，以短小精悍、結構嚴謹為佳。冗長散雜、囉嗦重複，必然會使人乏味。

▌爭取有一個好的結尾

即興演講，如能有一個好的開頭、好的內容，再有一個好的結尾，那就太理想了。結尾時，更需要有力度，不冗長拖沓、畫蛇添足，而要在言猶未盡或達到高潮時戛然而止，給聽眾留下深刻的印象，留有回味的餘地。比如，美國的萊特兄弟在成功駕駛動力飛機飛上藍天後，人們在法國的一次歡迎酒會上再三邀請哥哥威爾伯（Wilbur）講話，他即興講道：「據我們所知，鳥類中會說話的只有鸚鵡，而鸚鵡是飛不高的。」這一句深含哲理的即興演講，博得與會者長時間的鼓掌，至今還一直為世人所稱道。

即興演講結尾的方法很多，可用充滿激情的話語結尾、總結全篇的簡短結論結尾、讚頌的話語結尾、名言警句結尾、詩詞歌賦結尾、幽默的語言結尾和號召呼籲結尾等。不論採用那種方法，都應使結尾能發揮乾淨、俐落、再現主題、收攏全篇、回味無窮的作用。

即興演講的自我訓練

即興演講是演講活動中一個較高的層次，雖然不是高不可攀，但沒有經驗的領導者要掌握這種演講形式，確有一定的難度。這就需要反覆訓練。這裡著重提示 2 種訓練方法。

▌注意累積演講素材

這就要求平時要做有心人，「家事、國事、天下事，事事關心」，廣泛蒐集演講資料。平時多思考，即使臨場上臺演講也不會慌張。要注意蒐集歷史資料，對重要的歷史事件、歷史人物要熟記，並分門別類地進行整理；注意蒐集當今的資料，對現在國內外發生的重要事件、人物狀況要瞭如指掌，到即興演講時方可信手拈來，恰當用上；注意蒐集現場的材料，

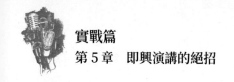

設法熟悉演講對象，注意觀察現場的所見所聞，增加演講的即興因素，從而征服聽眾。

加強思維能力訓練

即興演講對思維能力的要求是很高的，努力做到思維敏捷，需要平時加強訓練：要快速思維、反應靈敏、隨機應變；要聯想豐富，聯想相關的人和事；要善於發散思維，解決問題時能在同一個方向上流暢地想出多種不同類型的方案，增加演講的說服力和統御力。

美國著名的籃球運動員麥可‧喬登（Michael Jeffrey Jordan）在宣布退出籃球運動生涯時發表的即興電視告別演說，就是一篇典型的即興演講。請看麥可‧喬登的〈奧林匹克生涯已經結束〉的告別演說。

朋友們：我經常強調，一旦我失去動力或不需要再證明什麼，我就應該退役。現在是我離開的時候了，這並不是我不愛這項運動，只是我覺得我已經達到自己事業的頂峰，沒有什麼可再證明的了。

我不知是否會復出，退役的意思就是從今天開始，我想做什麼，就可以做什麼。如果這意味著今後要復出，我也許會的。我不把這扇門關死。如果公牛隊還需要我，我也許會重歸賽場。如果我日後復出，也不會效力於另一支球隊，因為我的心已經屬於它了。

我的奧林匹克生涯已經結束了。

我第 1 次得 NBA 總冠軍後，我父親就勸我退役。我們當時的看法有很多不同，因為我認為，身為球員我還有許多東西要去證明，第 3 次奪得總冠軍後，我們又談了一次，我被他說服了。

我時刻在承受新聞媒體所帶來的壓力，我不會因為他們而離開球場，這是我自己的抉擇。即使我父親沒有去世，我也會做出同樣的決定。父親

的去世使我看到了自己的未來，但痛苦會一天天地淡漠下去。是他的不幸提醒了我，人的一生是何等短暫，該如何珍惜。我不能太自私，要用更多的時間去陪我的親人，包括我的妻子、孩子，我需要過一種正常的生活。

我退役以後，很多朋友對公牛隊的實力表示懷疑，但我並不擔心，這好像父親送兒子上大學。當然，我不是他們的父親，我告訴他們要相信自己。我認為我們有很多獲勝的機會。我也堅信，肯定會有更多好球星誕生的。

我需要一件工作嗎？我從來沒有考慮過，現在也不想要，我現在要看看小草是如何成長的，然後再把它們割掉。我當然要經常去看公牛隊的比賽，可我不會告訴夥伴們我什麼時候去看。我想，我不會完全過一種正常的生活，只不過公眾的關注會比以往少一些。我會懷念籃球比賽的，我會懷念奪取冠軍輝煌的時刻，我會懷念每年與隊友們待在一起的 8 個月美好時光。

麥可‧喬登在即興演講之前並未擬草稿，也沒有經過深思熟慮，只是急於把自己的主要意思和此時此刻的激動心情告訴電視觀眾：應該退役 —— 倘公牛隊需要也許會復出；退役的思考過程及退役的深層原因；堅信公牛隊的實力；今後自己會好好生活，但仍關心公牛隊、懷念籃球比賽。告別演說具有臨場性的特點，麥可‧喬登語言流暢，飽含深情，深深地感染著每一位觀眾。

▎具有良好的心理狀態

心理狀態如何，會直接關係到即興演講的成功與否。

首先，自己應該具有自信的心理，感到這正是我要講的題目，而且我一定會講好這個題目。這種積極進取的心理狀態，是即興演講的基礎和保

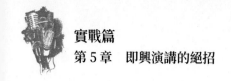

證，可使講話者處在主動的位置上，迅速進入興奮狀態。否則，就會緊張失態，思緒混亂，不知所措，導致即興演講的失敗。

即使遇到心情特別緊張時，可採取鎮定、放鬆的辦法，精力集中，情緒放鬆，緩緩吸氣後再慢慢呼氣，如此反覆幾次，即可克服緊張情緒。即使這樣，也可能還會遇到突然講不下去，忘記下面的詞，即「短路」現象。這時講話者應該在講前半句時想到後半句，講前一句時想到後一句，做到思路先行，先想後講，邊想邊講，總攬全局，神態自然。

4. 即興演講要做好臨場準備

領導者被邀請參加特定的會議或活動，除預先確實知道自己沒有發言、講話的任務外，一般還是先有準備較好。即使突然來到特定場合，無法提早準備，也應當進行臨場準備，做到「有備無患」，以免措手不及。

臨場準備，可根據活動的宗旨、對象、環境等，迅速地大體上確定即興演講的內容主幹，然後根據時間的可否，逐一進行粗調整或細調整，使之初具輪廓，確定結構，隨時準備投入使用。

被邀請即興演講者，應根據自己所處的地位、身分加以斟酌，決定講話的內容和採取的方式。如有時需講實質性的內容，有時需講禮儀性的內容；有時可多講一些，有時就要講少一點。若不加區別、不分場合，要麼講起來沒完沒了；要麼應付幾句就交差，都可能欠妥。

不過，一般來說，即興演講都不宜講得過長。

努力縮短與聽眾之間的心理距離

　　領導者站在臺上，表面上看，他與聽眾之間雖然只有幾公尺的距離，但實際上，他們之間的心理距離遠遠超過空間距離。演講作為交流的方式，它的特點在於現場性，不僅靠思想觀點的傳輸，而且靠感覺情感的交流。正確的觀點只觸動人的理性，卻很難使人有感覺、有感情的共鳴。如果你能使聽者不但理解真理，而且能和你一起感覺和享受真理，那麼，你的驚人妙語不僅會引起他們的哄堂大笑、熱烈鼓掌，就算是很平淡的一顰一笑、一舉一動都會引起他們心領神會，不約而同的微笑，甚至突然領悟而歡呼。而不善於創造這種白熱化氣氛的人，在講臺上，即使講出一些很驚人的妙語、很深刻的哲理，聽眾也往往只是稍微安靜幾分鐘，甚至幾秒鐘，又恢復到心不在焉、甚至交頭接耳的狀態。

　　因此，演講者如果不能縮短他與聽眾之間的心理距離，打不破豎在他們之間的那堵透明的牆，就很難控制臺下的秩序。只能眼睜睜地看聽眾們交頭接耳、左顧右盼，直到自己也喪失了駕馭他們的信心，垂頭喪氣地敗下陣來為止。

　　想要打破這堵透明的牆，提高聽眾注意力，其方法不外乎這 2 種。第一，創造出一種精神優勢，擴大你和聽眾之間的心理距離，把聽眾鎮住，使他們的神經拉得很緊繃，不容喘息。但這種方法存在致命的缺點，效果很難持久，而且到了事後，聽眾中的聰明人難免會有上當之感。

　　所以，一般來說，高明的演講者多採用第 2 種方法，即縮短與聽眾的心理距離，降低自己的精神優勢，讓聽眾放鬆。這樣有利於聽眾，使他們不但在思想上，而且在感覺和情感上與你相通。1956 年，當時的印尼總統蘇卡諾到某外國大學演講，陪同的是外交部的長官。蘇卡諾是世界名

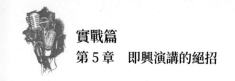

人，步入大學校園時，學生隊伍的秩序一度有些激動性的騷亂，在臺上的長官因此有些不悅，會場氣氛有點緊張。有經驗的蘇卡諾總統當然看出來了。他在演講一開頭就說了 2 句題外話：「我請諸君向前移動幾步，我願更靠近你們。」話一說完，學生隊伍活躍了，很快往前移動了幾步。接著蘇卡諾又說：「我請諸君笑一笑，因為我們面臨著光輝的未來。」學生們輕鬆地笑了起來，氣氛變得十分和諧，在這以後，蘇氏的演講不斷被熱烈的掌聲打斷。

　　為什麼在演講時要先縮短與聽眾之間的心理距離呢？因為任何一個人只要出現在講臺上（尤其是領導者），由於職業、年齡等原因，多少有點精神優勢，足以使聽眾對他肅然起敬，哪怕短至幾分鐘，都有礙於他與聽眾的感覺和情感相通。缺乏幽默的演講者往往滿足於這種精神優勢，而不知這是不持久，且是危險的。外部的精神優勢越大，聽眾的心理期待越強，而在後來產生失望的可能性也越大。

　　縮短和聽眾之間心理距離最有效的方法，是採用幽默的語言。其中最具強烈效果的就是自我調侃。關於幽默的運用技巧，我們在前面已經詳細講解，在此不再贅述。

要舉止優雅，順勢穿插

　　演講時，領導者若能給聽眾一個值得讚美的好印象，自然能增加對觀眾的吸引力；如果粗俗無禮，必然會損害演講的效果。

　　有些人，在演說之前頻頻地咳嗽或搖頭晃腦，這種失態的表現，不是故意做作就是準備不充足。這種不自在的自我掩飾行為，只會使人難堪。因此，這些不良習慣應當革除。因為這些不良的習慣，不僅會分散聽眾的注意力，而且會引起他們的厭煩。所以，領導者在演講時要注意：

◆ 無論周圍發生什麼事情，都不要回頭顧盼，或把眼光投向那裡；

◆ 不要一直看鐘錶；

◆ 有人進場，也不要中途停止；

◆ 即使有人中途退場，也必須保持原狀；

◆ 當聽眾鼓掌時，應暫停，掌聲停後再繼續；

◆ 勿因聽眾的鼓噪或譏諷而狼狽不堪。

　　一般來說，在每一次的演講都離不開 4 個要點：① 說明事理；② 說服他人而使人感動；③ 得到行動的反應；④ 使聽眾產生興趣。能在優雅的舉止中掌握這些要點，知道怎麼去實現自己的目的，那麼，領導者的演講便有成功的把握。

　　順勢穿插是要求領導者在演講中順應時勢巧妙穿插演講的內容。在因勢利導中，順時順意裡，用生動的語言抓住聽眾的心，使自己的情感和聽眾共振，說聽眾之所想，言聽眾之所需，講聽眾之想講。俗話說，潮流浩蕩，順之者昌，逆之者亡。演講時也一樣，逆聽眾的心理而言，必然引起聽眾的反感；順聽眾的心理而言，才會造成同步互動的良好效果。

　　當然，順聽眾之勢而言，並不是跟著聽眾的尾巴走，被聽眾牽著鼻子。這裡所強調的是演講者在闡述自己的道理時，要懂得利用聽眾的心理。換句話說，身為領導者，掌握必要的心理學知識，是演講中不可或缺的。

　　舉止優雅、順勢穿插，不僅展現在演講之始和其間，結尾時的儀態也是要注意的。當演講完畢時，從容的態度、微笑的面容，都是必需的。尤其是領導者，結束時的印象容易長久留在他人的記憶裡，如果認為結束時隨意即可，那無疑是不適當的。

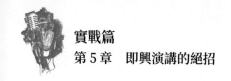
祝賀的話如何說

　　領導者的交際場合寬廣，免不了要在一些場合說幾句祝賀的話。透過祝賀表達你對對方的理解、支持、關心、鼓勵和祝福，以抒發情懷、增進友誼。

　　從語言的表達形式看，祝賀辭可以分成祝辭和賀辭 2 大類，祝辭是指對尚未實現的活動、事件、功業表示良好的祝願和祝福之意；賀辭是指對於已完成的事件、業績表示慶賀的祝頌。

　　一般來說，祝賀總是針對喜慶，因此，不應說不吉利的話和使人傷心、不快的話，應講些吉利、歡快，使人快慰和感動興奮的話。祝賀要注意以下幾點。

- **情景性**：祝賀總是在特定的情景下進行的，因此一定要考慮到特定的環境、特定的對象、特定的目的，使之具有明確的針對性。

- **情感性**：祝賀語要達到抒發感情、增進友誼的目的，必須有較強的鼓動性與感染力，因此要求語言富有感情色彩，語氣、語調、表情、姿態等都要有濃烈的感情。大多數成功的祝辭本身就是一篇短小精悍的抒情獨白。

- **簡括性**：祝賀辭可以事先做點準備，但多數是針對現場實際情況，有感而發，講完即止，切忌旁徵博引，東拉西扯。語言要明快熱情、簡潔有力，才能產生強烈的感染力。有些祝辭、賀辭要進行由此及彼的聯想，由景生情的發揮，但必須緊扣中心，點到為止，給聽眾留下咀嚼回味的餘地。

- **禮節性**：祝賀辭在喜慶場合發表，要特別注意禮節。一般需站立發言，稱呼要恰當。不要看稿，雙眼要根據講話內容而致禮於祝賀對

象，時而含笑環視其他聽眾。要與聽者做感情的交流，還可以用鼓掌、致敬等動作加強和聽眾心靈的溝通、以增加表達效果。

其實，喜慶活動本身就很講究禮儀，「祝賀」是其中一個環節，要適時地穿插進去。例如：

祝酒。在飲第一杯酒之前，主人要致祝酒辭。祝酒辭內容要圍繞此次邀請的主旨，一般包括：感謝來賓光臨酒宴；闡明宴請的目的；對未來的美好祝願。話語要簡短，最好有點幽默感，使人歡愉、使人快慰、使人感奮。為此，詞藻可稍加修飾，但不要矯揉造作。致祝酒辭時要起立，致詞後與客人們輕輕碰杯，然後乾杯。

賀婚。賀婚的內容一般包括 3 部分：對新郎、新娘的幸福結合表示祝賀；對新郎、新娘的愛情加以讚頌或介紹相關趣事；對他們的美好未來真誠祝願。語言宜簡潔優美而富有激情。

如何構思即興歡迎辭

歡迎辭是在迎接賓客的儀式或集會上，以賓客的到來表示歡迎的一種社交禮儀演講。歡迎辭有利於雙方溝通感情。

歡迎辭要有以下 3 部分：

◆ **開頭**：首先表示稱謂，然後是一些歡迎、感謝之類的客套話。

◆ **主體**：講明來賓來訪的意義，或述說主客雙方的關係，或闡明主客雙方合作的成果等。

◆ **結尾**：再次表示歡迎，或說一些祝願和希望之類的話。

如下例。

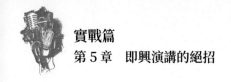

牡丹花開喜迎嘉賓

各位來賓、各位朋友：

「春來誰做韶華主，總領群英是牡丹。」在春風送暖、百花爭妍時節，我們迎來了第 9 屆牡丹花會。熱情好客的人民，誠摯地歡迎外國朋友和來自全國各地的客人光臨！

自古以來，人民就有養花、種花的優良傳統。隨著人民生活水準的提升，養花、護花、賞花更是蔚然成風，已成為人們生活的組成部分。本地自舉辦首屆牡丹花會以來，吸引眾多國際友人和國內遊客，造成了以花為「媒」，廣交朋友，發展經濟，促進文明建設的作用。今年花會，本地將舉辦盆景插花根藝石玩展、民俗文化廟會、牡丹花燈會、牡丹書市等豐富多彩的文化內容，提供給廣大遊客進一步了解本地的好機會。

年年歲歲花相似，歲歲年年「會」為同，願本地牡丹花會在國內外友人的關注和共同努力下，越辦越好！

祝各位來賓在花會期間精神愉快，身體健康！

致歡迎辭時要禮貌、親切，流露出真情實感，而這種情感是發自內心的，是內心的自然流露。因此，表情與言語要一致，不能虛假。

如何做好介紹辭

約翰・梅森・布朗（John Mason Brown）是一位作家和演說家，他的生動演講征服了美國各地的聽眾。有一次，他與一位馬上要把他介紹給聽眾的先生在會議開始前閒談。

「別為你要說什麼擔心，」那位先生對布朗說道，「輕鬆點。我不相信講話還需要準備什麼。沒什麼好準備的，一點用處也沒有，只會讓人掃

興。我在那邊一站,靈感就來了 ── 從來不會耽誤事情。」 這些話使布朗先生滿心歡喜,就等著在演說開始前聽一番精彩的介紹辭了。不料那位先生站起來後卻說了這番話:

「各位先生女士們,請注意了。今天晚上我要帶給你們不好的消息。我們本想邀請伊塞卡‧F‧馬科森來講話,但他無法來,他生病了。(噓聲)後來,我們要求參議員布萊德里奇前來,但他太忙了。(噓聲)最後,我們試圖請堪薩斯城的羅伊‧格羅根博士來,也沒有成功。(噓聲)所以,結果我們請到了 ── 約翰‧梅森‧布朗。(肅靜)」

布朗先生在回憶這個災難性的時刻時,只說了一句:「至少我那位朋友沒把我的名字弄錯。」

這樣的介紹真是糟糕透頂。那位先生對自己的靈感這麼有把握,但他的介紹辭卻使他既沒有盡到他要介紹演講者的義務,也沒有做到對聽眾負責。可見在演講活動中,介紹辭同樣不容忽視。

介紹性致辭與社會場合的介紹語出於同樣的目的,它要把演講人和聽眾帶到一起,為他們建立友好的氣氛,建立連接雙方興趣的紐帶。如果認為:「你無須那麼正經八百,只要介紹主講人就好了」,那實在是一種片面的理解。介紹辭在各類講話中,可說是被曲解得最厲害的了。

介紹,就應當使聽眾對題目有足夠的了解,讓聽眾產生很想聽聽相關內容的期望,應該讓聽眾了解一點演講者的身分等情況,以表明他特別適合於討論這個題目。換言之,一篇介紹辭,應當是向聽眾「推銷」某個題目,「推銷」某個演講人的。而且,他還應當以盡可能少的話語來完成這些任務。

下面幾點可以幫助你組織好介紹辭。

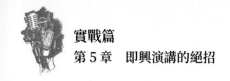
▌精心準備

　　介紹辭儘管很短，通常不超過 1 分鐘，但仍然需要細緻的準備。你要把你所了解的情況集中起來，這主要有 3 個方面：演講者所要談的主題；他談這個主題的資格；他的姓名。通常，還有第 4 方面會逐漸明朗 ── 演講者選擇這個主題，為什麼對聽眾來說有特別的興趣。

　　對演講的題目要準確無誤，且大致了解演講者對這個題目的思路。如果主講人隨後對介紹辭做更正，那是再尷尬不過的事了。為了避免這種局面出現，對演講人的演講主題要準確掌握，但又不能預先告訴聽眾他要講什麼內容。介紹者的職責是正確的提供主講者報告的題目，且指出它與聽眾興趣之間有何關聯。假如可能，應爭取直接從主講人那裡獲得這方面的資訊。如果中間還要透過第三者，那就應該把這個訊息寫下來，在講話前交主講人親自核對。

　　不過，準備的重點恐怕還是有關主講者所具有的主講資格，這往往需要查找相關資料，詢問相關部門，甚至向他的親友進行了解。這麼做的意義就是使你能夠對主講人的介紹正確且具有權威性。值得注意的是，介紹的內容太多也會讓人厭煩，特別是瑣碎重複的介紹。如主講人是位博士，你卻介紹他的學士、碩士頭銜。一般情況下，最好是只點明他最近擔任的最高職務，而不必羅列他大學畢業後擔任的所有官職。最重要的是不要本末倒置，忽略他事業上最傑出的成就而只談他的次要成就。

　　準備工作中最重要的是弄清楚演講人的姓名。史蒂芬‧李科克（Stephen Leacock）這位著名的加拿大幽默大師，在他的文章〈我們今天晚上有……〉中，為我們描述了他某次被會議主持人介紹的情形：

　　「我們之中很多人都一直高興地盼望著列羅伊德先生的到來。我們從他的書中似乎看到，他已是我們多年的老朋友了。我告訴列羅伊德先生，

說他的名字在我們全城已經家喻戶曉，我認為這一點也沒有誇張。我非常高興對你們介紹 —— 列羅伊德先生。」

你的準備工作必須具體，因為具體才能達到介紹的目的 —— 提高聽眾的興趣和注意力，使之樂意聽取主講人要講的內容。會議主講人假如未做好準備便匆匆而來，那就只能做含糊其辭、不得要領的介紹了。

花點時間做準備，就可以避免類似這種只會帶給主講人和聽眾遺憾的介紹辭。

▋發自自然，不必過於嚴肅

有的主持人介紹辭講得太多，以致聽眾不勝其煩；有的則玩弄詞藻，對主講人和聽眾濫加捧場；有的企圖活躍氣氛，但開的玩笑不夠有格調。主持人如果希望自己的介紹辭產生動人的效果，就應當避免類似的不當。

在介紹辭中對主講人過譽其美，效果也不一定會很好。

著名的幽默演員曾說：「如果我遇到一位主持人，他向聽眾誇口，說等一下他們馬上就會忍俊不禁，甚至會笑得在地上打滾，那可就糟了。因為這會使聽眾對我期望過高，弄不好反而敗壞聽眾的胃口。」

▋充分表現你的熱情

介紹辭的致詞方式與其內容一樣重要。友好之情不應僅停留在口頭上。假如你能有意識地在宣布主講者的名字時，把熱情推向高潮，聽眾就會更熱烈地歡迎主講人，而聽眾表現出來的好感，又會反過來激勵主講者更加盡其心力。

當你最後宣布主講人的名字時，不妨記住這幾個字：「停頓」、「間隔」、「有力」。

「停頓」就是在把名字講出來前沉默片刻，這樣更益於讓聽眾的注意

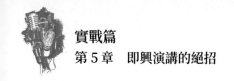
力集中，並產生懸念的效果；「間隔」是指在主講人的姓名之間稍事停頓，使聽眾的印象更深刻；「有力」，是要求把主講人的姓名念得有朝氣、有力度。

請務必注意：當你在宣布主講人的名字時，一定要發完最後一個音才能轉向他。我們常見多數介紹辭都很不錯，只可惜在最後出了敗筆，他們對著主講人念他的名字，卻把整個聽眾撇在一邊。

▌ 讓人感受到你的誠摯

誠摯在介紹辭中是至關重要的。不要在介紹辭裡刻意追求調侃和幽默，否則稍有不當，就會引起部分聽眾誤解。在這種社交場合，需要特別注意分寸，注意技巧和策略。或許你和主講人十分熟悉，但是，你們平時相互間具有特別含義的用語卻不宜在這裡使用，否則聽眾不僅聽不懂，且會有被人戲弄的感覺，即便本身並無惡意，聽眾卻依然會對此產生反感。

擊敗對手競選演講

競選演講是競選者為了實現競選目的而發表的演說。競選演講廣泛運用於企業應徵主管、員工、外包工程招標等場合，競選演講的作用主要是製造輿論、推銷自身、爭取支持。隨著社會進步，這種演講形式將會被廣泛採用，更加顯示出它的重要性。

競選演講的結構一般分為三部分：

◆ **標題**：大體有三種方式：一是公文標題法，即由競選人加文種組成，或由競選職務加文種組成；二是文種標題法，很簡單地標出「競選演講」；三是運用正副標題法。

◆ **稱謂**：對競選主管人員或主辦單位的稱呼。

◆ **正文**：首先寫清競選的原因和願望；然後寫明自己所具備的應徵條件，包括學歷、資歷、業務水準等才、學、膽、識各方面的客觀條件；最後表明自己競選的決心和信心，請求主管單位考慮。

競選演講要在「競」字上下功夫，要表達自信、自強。在闡述自身條件時要客觀實在，不可鋒芒畢露，大吹大擂；對自己的評價要含而不露、引而不發；表明觀點時要明確具體、清楚明晰，不要吞吞吐吐，不說大話。

「目標的明確性」是競聘（通過競爭，爭取獲聘機會）演講有別於其他演講的主要特徵。一方面演講者一上臺就要旗幟鮮明地亮出自己所要競聘的目標（或廠長、或校長、或祕書、或經理），另一方面演講者所選用的一切資料和運用的一切方法，也都是為了一個目標 —— 讓自己競聘成功（使聽眾投自己一票）。

其他類型的演講則不同。不管是命題演講還是即興演講，雖然都有目的性，但其目標卻有一定的「模糊性」、「概括性」和「不具體性」。打個比方說，如果演講如大海行船，那麼一般演講是要告訴人們如何戰勝困難，駛向遙遠的彼岸，而競聘演講則是競爭看誰最有條件來當船長。

在其他類型的演講中，演講者儘管可以海闊天空地談古論今，說長道短，但一般都不是為了「顯示」自己的長處，即使是在事跡演講中，也忌諱毫不客氣地為自己「評功論好」。競聘演講的不同之處在於，整個過程都是聽眾在候選人間進行比較、篩選。競聘者如果「謙虛」、「不好意思」說出自己的長處，表示自己只是「一般般」，就無法戰勝對手，所以必須「八仙過海，各顯神通」，因此有明顯的競爭性。競爭性說白了就是演講者無論是講自身具備的條件，還是講自己施政的構想，都要盡可能地

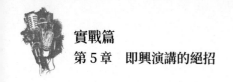

顯示出「人無我有」、「人有我強」、「人強我新」的高人一籌「優勢」，有時甚至還要把本來「劣勢」的東西換角度講成「優勢」。

競聘演講的第 3 個特點是「主題的集中性」，主要是指所表達的意思要單一，不蔓不枝，重點突出。也就是說，在表達意思時，必須突出一個重點，圍繞一個中心，不能多重點、多中心，不能企圖在一次演講中解決和說明很多問題。

因此，在進行競聘演講時，一定要「立主旨」、「減頭緒」、「鏡頭高度聚集」，這樣才能在聽眾心中燃起共鳴之火。

競聘演講的第 4 個特點是資料、素材的實用性，即所選資料既符合實際，又對自己競爭「有利」。也就是說，無論是講自己所具備的條件，還是談任職後的「構想」，都要從「自我」出發，從實際情況出發。競聘演講是「競爭」，並非是比誰能「吹」，誰能用嘴皮子「服人」。聽眾邊聽演講者的演講，邊「掂量」他們的話能否在現實中發揮作用和獲得效果。比如在講措施時，那些憑空高喊「我上臺後幫大家漲薪資，幫大家蓋樓房」的演講者，聽眾通常是不會買單的，而那些發自肺腑、符合實際的口號，才是最受聽眾歡迎的。

思路是演講者的思維脈絡，「程式」是演講中先講什麼、後講什麼的順序。競聘演講不像一般演講那麼「自由」，除了題目和稱呼外，一般分為 5 步。

第 1 步，開門見山講自己競聘的職務和競聘的緣由；第 2 步，簡潔介紹自己的情況：年齡、政治面貌、學歷和現任職務等情況；第 3 步，列出自己優於他人的競聘條件，如政治素養、業務水準、工作能力等，既要概括性的論述，又要有「降人」的論據。比如講自己的業務能力時，可用獲得的成果和業績來證明；第 4 步，提出假如自己任職後的施政措施，這一

步是重點，應該講得具體詳細，切實可行；第 5 步，用最簡潔的話語表明決心和請求。

競聘演講在講措施時，一定要注意條理清楚，主次分明，不要讓聽眾聽了如一團亂麻。 競聘演講中還要注意準確性。「準確」是指要恰如其分地表達情意‧但競聘演講中還有另外 2 層意思。

◆ **所談事實和所有資料、數字都要求真實，準確無誤**：比如介紹學歷時，是大專畢業，就不能說成是大學畢業；在談業績時，3 次獲獎，就不能虛說「曾多次獲獎」（最好把在什麼時間、什麼範圍、什麼獎項說得清楚明白），若涉及數字就要盡量具體。

◆ **要注意分寸**：競聘演講的角度基本上是以「我」為核心，如果掌握不好分寸，誇大其詞，就會讓人產生反抗心理，從而導致演講失敗。

想透過競聘演講實現高升，在不知不覺中擊敗對手，其中的「5 忌」不可不知。

◆ **忌信口開河，雜亂無章**：競聘演講具有較強的針對性和時效性，競聘者必須事先對要爭取的職位做大量調查研究，全面了解職位特徵和勝任職位所應具備的素養，而後在所述的內容上做文章。有些競聘演講者對自己要競爭的職位沒有完整清晰的了解，對雞毛蒜皮的小事翻來覆去地解釋，對所競聘的工作抓不到重點，自己說不清楚，聽眾也聽不明白。

◆ **忌說話不清，含混模糊**：競聘演講一般要求演講者在有限的時間內，言簡意賅地把自己的基本情況、工作特點和工作設想向聽眾娓娓道來。但有的競聘者卻不善拿捏演講的輕重緩急，雖連珠炮似的將整個演講一氣呵成，但因吐字不清或語速過快，使聽眾不知所云。

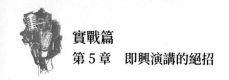
- ◆ **忌狂妄自大，目空一切**：有的競聘演講者高估自己的能力，在講工作優勢時，好提當年勇，自認條件優越、職位非我莫屬、做好工作不過是「小菜一碟」。在設想工作時脫離實際，「海市蜃樓」般地高談闊論，極易引起聽眾反感。

- ◆ **忌妄自菲薄，過分謙虛**：競聘演講要求競聘者客觀公正地評論自己的競爭優勢，大膽發表行之有效的「施政綱領」。但有的競聘演講者卻唯恐因自己的「標榜」而引起評審和公眾的不悅，把對自我的認知和評估降到「水準」以下。這種過分謙虛的表白，不僅不能反映出演講者的真實能力、水準和氣魄，也不利於聽眾做出正確的評價。

- ◆ **忌服飾華麗，求新求異**：登臺演講，服飾是思想品德、內在修養的外在表現和自然流露。競聘演講是一項正規、嚴肅的主題活動，評審往往會以所競爭職位的需要和自己的審美觀來評價演講者，因此演講者的穿著應以莊重、樸素和大方為宜。有的競聘者認為穿得與眾不同就會以新奇取勝，於是或服飾華麗，或不修邊幅，豈不知這樣做的結果，不僅觀眾不喜歡，也無法讓評審留下好印象，從而使演講的效果大打折扣。

誠懇莊重的就職演講

　　就職演講是新當選的政府首腦、地方或部門領導者、企業就聘主管等，在走馬上任前發表的就職演說。就職演講旨在表明自己的施政綱領、工作態度和奮鬥目標，透過演講，有利於展示自己良好的工作形象，促使以後工作盡職盡責，恪盡職守，也能帶給人們希望和力量。

　　就職演講一般包括 4 個部分。

◆ **稱呼**：演講時對聽眾的稱呼，一般用全稱。因為面對的聽眾是群體，表達要親切得體。

◆ **開頭**：寫明就職者的心情，對選民、代表、聽眾的謝意，要簡短親切。

◆ **主體**：寫明施政綱領、措施、近期所要做的幾項重要工作，所要達到的效果、目的等，要具體充實。

◆ **結尾**：表示決心，展望未來，鼓舞鬥志，一般以表示謝意的話語作結尾。

就職演講有話則長，無話則短，要抓住主要問題，切中時弊，要言不煩，簡明有力。其言談舉止要莊重、誠懇，向聽眾表達自己為國盡力、為民造福、為事業興盛而盡職的態度，表示決心和毅力時要充滿自信，堅定明快；闡述施政目標、措施時要實事求是，實實在在。就職演講最忌諱官腔、裝腔作勢、借勢嚇人。

怎麼應對冷場

演講中的冷場是因種種原因致使聽眾對演講的注意力有所分散或轉移而造成的，因此演講者面對冷場應當採取措施以重新吸引聽眾的注意力。為了達到這個目的，演講者可以根據具體情況選擇以下方式：

◆ 在演講中穿插趣聞軼事，透過活躍現場氣氛來吸引聽眾的注意力；

◆ 適時讚美聽眾，激發他們的共鳴和好感；

◆ 提出問題或製造懸念，提升聽眾的參與熱情和求知欲望。

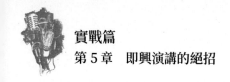
▌講述趣聞軼事，活躍現場氣氛，吸引聽眾的注意力

趣聞軼事是人們在生活中津津樂道的話題，生活中的許多情趣即由此而來。演講者抓住人們渴望趣味的視聽傾向，恰當而又適時地講述一些趣聞軼事，會使混亂或呆板的演講現場馬上活躍起來，聽眾的注意力也被迅速地集中到演講內容上，這時演講者再繼續下文，效果就會理想得多。

當年孫中山先生在大學發表演講，談論三民主義。當時因為禮堂小，聽講的人多，通風不夠，空氣不好，所以有些人精神較差，顯得很疲倦。孫中山先生看到這種情況，為了提升聽眾精神，改善場內氣氛，於是巧妙地講了一個故事：「我小時候在香港讀書，看過一個搬運工人買了一張馬票，因為沒有地方可藏，便藏在時刻不離手的竹竿裡，牢記馬票的號碼。後來馬票開獎了，中頭獎的正是他，他便欣喜若狂地把竹竿拋到大海裡。他以為從今以後就不用再靠這支竹竿生活了。直到問及領獎手續，知道要憑票到指定銀行領款，這才想起馬票放在竹竿裡，便拚命跑到海邊去，可是連竹竿影子也沒有了……」。講完這個故事，聽眾議論紛紛，笑聲、嘆息聲四起，結果會場的氣氛活躍了，聽眾的精神振奮了。那些本來睏倦的聽眾，此時也清醒多了。於是，孫中山先生抓住時機，緊接著說，「對我們大家來說，民族主義這根竹竿，千萬不可丟啊！」很自然地又回到話題上。

▌讚美聽眾，求得共鳴和好感

聽眾發現演講內容與自己的關聯不大，自然不會給予太多關注，在這種情況下，常常會出現冷場。此時，演講者應當注意採用恰當的方式，拉近與聽眾的心理距離。貼近聽眾的有效方法就是發自內心地讚美聽眾，用中情中理的話語撥動聽眾的心弦，激起他們的共鳴，使他們重新對演講產生興趣，從而打破冷場的尷尬局面。

　　周先生到某醫學院演講，上臺後他環視臺下，發現角落裡有個穿白大褂的老大夫，正戴著老花眼鏡在看書。看起來老大夫對演講不怎麼感興趣。周先生想，他不是一位忠實聽眾，很可能是一位出色的大夫。於是，周先生從讚揚白衣天使談起：「每當我憶起那病中的時光，白衣天使就引起我深情的遐想。他們那人格的美，心靈的美，還有那聖潔的美，給我生活的信心，增添我前進的力量。」這段歌頌醫生的開場白，引起老大夫極大的興趣，他合上書，聚精會神地注視演講者。這時，周先生便將醫生治病與治理醫藥腐敗的道理連結起來，這樣的演講議題符合聽眾口味，避免空洞說教。

讓聽眾和自己一起思考，提升聽眾參與的熱情

　　演講實際上也是一種雙向互動的過程，演講者以自己的演講辭和形象的語言來感染聽眾，反過來，聽眾的積極回應也有利於推動演講的順利進行。因此，演講者在需要的時候，向聽眾提出富有針對性和啟發性的問題，可以提升聽眾參與演講活動的熱情，讓他們意識到，自己也是整個演講的重要組成部分，這樣會有效避免冷場和打破冷場。

製造懸念，激發聽眾的興趣

　　在演講中製造懸念，其根本目的是為了吸引聽眾的注意力，使演講內含的資訊和情感得以有效傳達。因此，在出現冷場的情況下，適時製造1、2個懸念，是重新吸引聽眾注意力非常有效的方法。好的懸念不僅能使演講者再度成為聽眾注目的中心，且能活躍現場氣氛，激發聽眾聆聽與參與的興趣。

　　普列漢諾夫有一次在日內瓦做關於〈無產階級與農民〉的演講，當時會場亂哄哄的，幾乎使演講不能繼續下去。這時，普列漢諾夫雙手交叉在

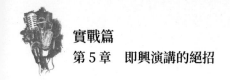

胸前，目光嘲笑地掃視著會場。當臺下逐漸平靜了些，他大聲說：「如果我們也想用這種武器與你們鬥爭的話，我們來時就會——（他停頓了一下，大家以為他會說，帶著炸彈、武器、棍棒，然而他說出的話卻出人意料），我們來時就會帶著冷若冰霜的美女。」此語一出，整個會場笑聲一片，甚至連一些反對者也笑了起來。這時，普列漢諾夫抓住時機，話鋒一轉，將演講引入正題。

如何應對起鬨場面

一般來說，產生起鬨現象的原因不外乎緊張「短路」、說錯話、囉嗦重複、拖延時間，或演講現場布置太差，音響故障，以及演講觀點與聽眾想法相悖，使聽眾產生反抗心理；或者聽眾本身素養太差，社會公德意識薄弱等，也可能造成起鬨現象。概括而言，無非是聽眾的期望值與演講內容、演講現場等發生矛盾衝突，或者是演講者的期望值與聽眾心理及演講現場產生矛盾衝突。

對吹口哨、喝倒采、喧鬧搗亂，造成現場秩序混亂的情況，演講者不可大動肝火，而要不露聲色地迅速判明產生的原因。

對待起鬨鬧場，最好先緩解矛盾，然後迂迴取勝。例如，因緊張「短路」而造成，可採用「忘掉的內容就讓它忘掉」的手法，大膽講後面的內容，不要因忘卻而中斷，破壞聽眾情緒。即使是忘了非常重要的話，也要隨方就圓，歪打正著，跳過這道難關，把後面的話提前說，待到臨近結尾時再進行補充。這樣既可保持演講內容準確、完整，也不致使人有零亂不連貫的感覺。遇到這種狀況，還可以就地改變話題，就上段的內容進行發揮；或趁機向聽眾提出問題，暫時轉移聽眾注意力，以贏得時間回憶講

稿。當然，轉換話題和趁機提問一定要與演講中心緊密相連，切不可東拉西扯。

　　假若因為說錯了話引起起鬨鬧場，緩解矛盾的方法可採取「當即糾正」或「借錯為靶」的手法加以補救。所謂「當即糾正」，即將錯話擱置一旁，將正確內容再講一遍。這樣做雖然糾正了錯誤，也沒有正面認錯，但畢竟露出破綻，且內容會明顯重複。採用「借錯為靶」，就是把錯話當成反面論題，樹立靶子，然後進行批駁，自然而然地將話題引到正確的內容上。這種補救方法不露痕跡，甚至還能收到意想不到活躍氣氛的效果。例如，有位演講者不慎說了一句錯誤的話，他當即意識到了，便靈機一動，故意將錯話重複一遍，然後機智地說：「顯然，聽到剛才這句話，大家都笑了。大家想想，這句話究竟錯在什麼地方呢？」接著便對錯誤逐條逐款進行批駁，使人感覺到演講者是有意樹立靶子，從反面進行論證。這種控場技巧實在令人叫絕！

　　倘若聽眾與演講者觀點相悖，聽眾產生反抗心理，而引發起鬨場面，演講者尤其要注意迂迴取勝，切不可當眾強硬批駁，以免形成僵持局面。應以溫和的態度，運用誘導的手法，緩解矛盾，給持不同觀點的聽眾一個撤退的臺階。比如主動說：「這些看法，有的人不一定樂意接受，對同一問題有不同看法是很自然的，從某種意義上來說，你們所講的也不無道理，不過……。」用這樣的模糊語言委婉講解，採用欲抑先揚之法，可使觀點相悖的聽眾體面地撤退，然後講演者再用一個「可是」、「不過」將話鋒一轉，很快地把論題再扳回來。

　　事實上，大會演講人多且雜，所持觀點不同是很自然的事，但若因「出言不慎」使座中報以怪聲，對演講是很不利的。登臺演講，就應先「眼觀四座，看有何黨何人，然後發言」。對所講內容也盡量做到「使贊

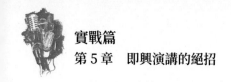
成者理解清晰，異常欣慰；反對者據理折服，亦暗中點頭」。而要達到此種境界，絕不是生硬批駁所能奏效的。

當然，遇到心懷叵測企圖破壞演講的人，那又是另一回事了，必須當眾揭露制服。有一次，前蘇聯詩人馬雅可夫斯基在莫斯科演講，猛烈抨擊時弊和庸俗文人的行徑，致使某些感到「冤屈」的人騷動起來。有個傢伙企圖中傷馬雅可夫斯基，他暴跳如雷，大聲嚷道：「我說馬雅可夫斯基，您怎麼把我們大家都當成白痴啦？」馬雅可夫斯基故作驚異地回答：「哎，您這是什麼話？怎麼是大家呢？我面前看到只有一個人。」這時，一個矮胖子又擠到主席臺上，嚷道：「我應該提醒你，馬雅可夫斯基，拿破崙有一句名言：『從偉大到可笑，只有一步之差。』」馬雅可夫斯基機智地目測了一下自己與矮胖子的距離，用手指著自己和那個人，鄭重地說：「沒錯，從偉大到可笑，只有一步之差。」就這樣，馬雅可夫斯基以幽默的語言、辛辣的諷刺，制服了「別有用心的破壞者」，贏得了廣大聽眾的熱烈掌聲，扭轉了被動局面。

第 6 章　會議發言的高招

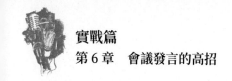

　　會議，會議，會議……很多時候，想解決問題，比如形成決策或激勵員工鬥志，就必須以開會的形式進行相互交流、溝通。然而，目前的會議效率如何呢？有資料顯示，即使是高科技企業的會議，也僅有49%稱得上是有效率的會議，會議浪費了人們很多的時間。更令人吃驚的是，竟然很少有人能確切說出時間到底浪費在哪裡。

　　美國《紐約時報》經濟版特約作家提出，會議具有「紅綠燈」的指標作用，他認為經濟不景氣的根源就是開會。他的話是否言過其實呢？

　　事實證明，當前的不少會議確實變得越來越盲目、冗長、超時、空泛、枯燥、難以介入、難以駕馭……。

　　許多明智的領導者清醒地認知到這些，他們呼籲醫治會議沉痾，呼喚高效率的會議早日到來。

會議主持由誰當

　　會議主持者種類有很多，有類似司儀，只要適時宣布進行步驟就可以了，但大多數會議中的主持人則像船長一樣，是促使會議順利進行的「領航員」。他對整個會議，被賦予所有的權限，當然也被課盡義務。

　　就因為會議主持有上述的權力與義務，因此，一般由領導者擔此重任。

　　身為主管最好不要每次都當會議主持，理由有很多，主要是因為主管高高在上，容易令員工的發言變得僵硬定型化，落入客套表面。這樣，日子一久，員工會失去參加會議的熱情。除新進人員和資歷太淺的人員外，最好盡量讓所有人員輪流當會議主持。

　　不過，以主管身分當主持人，主持各類工作會議，還是很常見的。領

導人主持一般會議不難，原因是員工都比較服從主管。對領導人來說，難一點的是：能夠像音樂指揮一樣，充分提高參與者的情緒，整齊劃一地參加會議；能夠像裁判一樣，對會議進行中發生的意外迅速化解，而不致影響會議的最終目的。而這一切，都需要透過主持人的口才 —— 這個最有效的手段來達到目的。

如何說好開場白

　　拖沓冗長、對解決實際問題毫無幫助的「大頭會議」，與會者都有發自內心的抵抗情緒。若會議結束後，與會者覺得時間沒有白費，該解決的問題得到解決，分歧的意見得到統一，企業內部生動活潑的局面得以保持，甚至有所加強，這樣的會議才可稱得上是高效率的會議。

　　會議領導者主持會議的技巧關係到會議的成敗。領導會議不掌握技巧就如同糊塗的舵手，不知道他會將航船引向何方。這樣的會議要麼人人欲言又止，沉悶乏味；要麼唇槍舌劍，吵成一團，讓與會者覺得「在錯誤的時間、錯誤的場合，進行錯誤的討論」，所產生的離心力對達到會議目的的阻力是巨大的。因此，身為會議領導者，除了明確開會的目的，掌握會議的主題，事先做好充分的準備外，還應熟練駕馭領導會議的技巧。在主管主持會議的技巧中，我們先談談會議的開場白。

▍開宗明義，先聲奪人

　　會議開場白不能拖泥帶水，既要把開會目的講明，又要把重點說清楚，使與會者有準備，為領導會議精神打下良好的基礎。同樣，也不能以三言兩語草草收場，意不明，言已盡，使與會者不明白會議的議題，失去對會議的興趣。好的會議開場白可以一下子抓住與會者，給人深刻的印

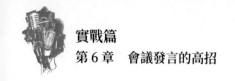
象，如同看一部引人入勝的電影，開始就興味盎然，人們自然願意繼續了解下面的情節。

▍因境制宜，營造氣氛

「現在開會了，請 XX 報告，大家歡迎……」、「本次會議第一項內容……」，這是會議千篇一律的開場白格式。這樣的開場死板老套，令人生厭。開場白中陳述會議主題、意義和議程等內容是必不可少的，但這並不是要囿於形式，而是要根據實際情形，因境制宜，靈活變通。

欲使會議順利進行，不僅有賴於良好的會議氣氛，更依賴精彩的開場白。它可以使與會者感到要討論的是與自己切身利益相關的問題，或是普遍受到關注的問題，這樣就能激起與會者的興奮點，吸引其注意力，充分提升各種正面因素，將會議導向成功。會議的類型多種多樣，所需營造的氣氛也不同。徵求意見會要求各方暢所欲言，集思廣益，需要的是生動、熱烈的氛圍；研究解決問題的會議則需要嚴謹、嚴肅的氣氛；歡迎會上的氣氛要熱情洋溢；歡送會上則要流露出依依惜別之情。

營造會場氣氛，提升與會者的情緒，靠的是主持人的口才技巧，不是粗聲厲語。例如，某企業為解決生產中存在的工序銜接問題，擬定開個會，就個別班組存在的懶散拖延現象進行批評。主管一上來就說「今天把你們找來，就是要讓你們知道，你們扯了企業的後腿。你們說該怎麼辦？」一時間劍拔弩張，緊張的氣氛頓時充滿會場。這樣態度僵硬的詰問，不要說能否引起對方共鳴，恐怕求得合作都很困難。會場成了戰場，會議自然也難以繼續下去。

達到會議目的的技巧

任何一個成功的會議，領導者都要有在會議中收放自如的智慧和辦法，以衡量議程，配合目的，最終實現預期目標。以下所介紹的是使會議目的有效實現的幾大技巧。

▌安撫

在會議中，安撫通常是最被低估的手段。

鏤連慈講過，對於有侵略性的動物，可以用撫慰的手勢和溫和的姿態將之安撫下來。同樣，在會議中，如果運用安撫手段明確表示友好，那些激進者就有可能會被迷惑而放鬆戒備。安撫展現在語言和行為中，特別是在會議發言裡，同樣的觀點，用語和表達方式不同，收到的效果也會不同。比如：銷售部門沒完成計畫，你在會議上把這個部門說得一無是處，連他們獲得的一點成績也否定，而且言辭激烈，表情氣憤。銷售部門的主管可能因感到前程黯淡而失去信心，銷售成效反而不會提高。相反，以安撫的態度，肯定成績，分析不足，指明方向，鼓勵為主，結果將會是另一種情況：銷售額反倒增加了。

沒有人是十全十美的，當你犯了錯，找個藉口來認錯，別人也許會原諒你。因此像「我可能是稍微喝多了點」這類話有時也會很管用。既然已經認錯，而且這種錯誰都會犯，有誰真的會落井下石，對你魯莽起來呢？

▌激情

往往有這種現象，在會場中神采飛揚，充滿激情的人，通常可以輕而易舉地說服那些昏昏欲睡的與會者。激情絕不是喋喋不休，這些人通常具有極大影響力，而且，激情四射的主持人在會議中幾乎個個人緣極佳。心

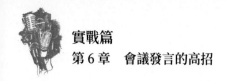
理學家對這種現象沒有什麼解釋。不過可以推測，大多數人早就被司空見慣的空洞會議弄得精疲力竭，所以，如果在會議中有少數幾個人能有足夠的激情和高昂的熱情，不但會對他印象深刻，還會歡迎他們。由於他們獨撐大局，減輕了與會者的壓抑感，活躍了氣氛，對提高會議效率有所幫助。

　　不過，對激情手段的運用一定要注意 2 點：①激情不可與耍嘴皮混為一談，因為耍嘴皮子大都華而不實。真正的激情是不斷有新鮮創意與獨特觀點的人，而不是光說不練，一味賣弄者。②激情也要有限度，不能太過頭，如果掌握不好，可能會在會議中太顯張狂。時而退讓，時而衝刺，不作獨白，也不作疲勞轟炸式的演說，是激情主持者應該恪守的原則。要達到這個目的，激情者應該以自己的激情喚醒別人，影響別人的情緒，啟發思考，提高會議效率。

▌詰問

　　許多經常參加會議的人，在發問方面能力出眾。他們利用問題來拖延決定，引起爭論，攻擊別人的論點，而背後真正的目的卻是「掩飾」其真正目標。這裡談的不是修辭學上的問句，有的問句是希望從別人的答覆中達到目的，才是以下我們要談的。

1. 拖延性詰問

拖延決定，當然是很孩子氣的低級把戲。例如：

「當然，我們最好等到弄清楚事情的來龍去脈後再談……。」

「我們難道可以不跟他商量就驟下決定？」

「是不是能仔細考慮各種後果，再做最後決定？」

此類例子還有很多。

要引起爭論也同樣簡單。例如：

「我們怎麼能光看你過去的紀錄就……。」

「我不是不相信你，但是你是否完全確定……。」

2. 轉嫁性詰問

提出轉嫁性問題，把別人牽扯進來，有時也很管用，而且也很有意思。例如：

「我個人對這件事沒有什麼意見，但是，老張，你難道受得了小朱的批評嗎？」

「我相信胡經理的本意一定是說你的報告很完整……是這樣吧？」

這些問題提出後，就像點著的火種，聰明的人可以靜觀其變。轉嫁性問題也可以用來探出一個人想要知道，但又不願別人發現的情況。

在一個大型的國際商業會議中，有一位澳洲代表巧妙地使用了這一招。在會議進行中，有一份難懂的第 73 號報告圖表被提了出來，就像先前大部分圖表一樣，上面擠滿了一大堆資料。這份報告主要在比較各國的商務績效，資料中，加拿大的數字領先，迫使澳洲退居第二。

這位澳洲代表傾身問旁邊的人：「朋友，你覺得關於加拿大的這些數字有沒有問題？」

接著又低聲問道：「他們有沒有把不該加入的美國外銷數字也加進去了？」

「我不知道。」旁邊的人照實回答。因為旁邊的人根本不可能知道有沒有加進去。

「溫士頓先生（旁邊的人）認為這張圖表有點問題，他想知道……」，接下來他的聲音變大了，問道：「加拿大是不是把美國的外銷數字也加了進去？」

151

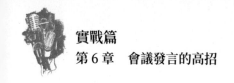

這句話立刻得到績效不理想的其他國家代表共鳴，一時喧囂四起。等到整個會場平靜下來時，那份統計圖表早已被批評得體無完膚，而那位澳洲代表卻始終帶著天使般的無邪微笑坐在那裡一動不動。

他這般巧妙地攻擊別人的論點，正中要害！

3. 尖銳性詰問

在《唯我獨尊》裡，有一篇很短的章節討論到如下尖銳的攻擊語：

「對呀！但是我們別忘了大前提，你葫蘆裡到底賣的是什麼藥？」

「說的沒錯，但那實在不是我們討論的重點，不是嗎？」

「嗯，很快就可以看出這個論點空空洞洞的，而且不切實際，不是嗎？」

注意，詰問前要用能使人消除戒心的開場白，像「對呀」、「沒錯」等，這樣可以萬無一失地取得先機，避免對方抓住漏洞反擊。

4. 指控性詰問

麥卡錫有句名言：「你是現在才這樣，還是一直都這樣？」此話語的指控性詰問真可謂智辯。這種有戰術性意味的指控不但犀利，而且更能造成致命一擊的效果。

在會議中，有弦外之意的問句不但富彈性，且可緩和與會雙方的對抗。但是令人驚訝的是，在會中能把這種詰問技巧運用乾淨俐落的，反倒少之又少。在所有會議的談話中，問句只占 79％。而在這些問句中的90％，只是平鋪直敘地要求進一步的資料而已，34％是詢問別人的觀點和意見，而指控性詰問占的比例更少，大約是全部談話的 7％。

馬克‧吐溫講過，任何頑強的對手都會被一連串鍥而不捨、追根究柢

的「為什麼？為什麼？為什麼？」殺得一敗塗地。這詰問手段之所以奏效，是因為大家很少會抗拒或不回答看似簡單的問題，因而往往被一步步引入陷阱，最後亂了陣腳。

█ 耐心

耐心不是膽怯，兩者絕不可混為一談。耐心在會議中的目的是等待時機以求成功，而不是退到最後一道防線，在終場舉著白旗。古羅馬大將發明的費邊戰術（又名「拖延」戰術），就是要士兵切勿草率地一頭栽入戰場，必須慢慢等到適當時機，而後一舉成功。這一招，在多數會議上都是值得採用的。比如：與會者對某項議題意見不統一，由於爭議激烈產生對抗狀態，這時會議主持就必須耐著性子協調對方的態度。等待時機使對方達成意見一致。

耐心使人願意傾聽其他人的看法，了解誰和誰是站在同一立場上，並把自己的論點準備得更充分有力。另外，耐心也使人有許多機會做好發言的準備。

最適合用「欲速則不達」形容不經思考、貿然出擊所帶來的負面效果。但是耐心過度也不可取。在會議中發表觀點最好的策略是：只要有把握，等到晚一點，但是絕對不要晚到已經做出決議，或主持人已做結論時。因為重新決議（或討論）通常不太可能，即使可能，也總會激怒其他與會者，而產生相反效果。也許最明智的會議藝術就是融合 2 種似乎互不相容的技巧：耐心和狂熱。

這種技巧如果能在會議中運用自如，離成功實現會議的目的就不遠了。

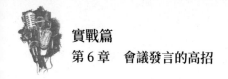

▌激進

　　激進的方法之一就是恰當運用語調以及身體語言，說起話來給人的感覺好像在震怒，別人就會以為你的確在發脾氣。心理學的研究確實證明，如果使自己看起來在生氣，那麼心裡很快就會真的覺得義憤填膺。不過，正確的激進只是虛張聲勢的發怒，而不是真正置人於死地。

　　表現激進在會議中也算一種有效策略。它有簡單的要點，那就是不停地講話。因為哪怕只是短短的幾秒鐘，也不可能有2個人同時發表高論。人的神經組織不能在傳出自己訊息的同時，又接收到別人的訊息。所以，表現激進時，要堅持發表自己的意見，引起別人的思考，激起會議成員發言，以便把會議議題討論得更透徹。

　　不過，採取尖銳刻薄的威脅，像「我要把你開除掉！」之類的話語通常只會徒然產生反面效果。事實上，這種威脅是永遠不可能實現的，相反，只會讓受威脅的人贏得他人的同情，因為會議的參與人數至少在3人以上。所以，這些話只有不說出口才好，說出來，只是凸顯一個人已蠢得無計可施。

　　真正能奏效的方式，是將「憤怒」拐彎抹角地處理，給受批評者暗暗施加心理壓力。好萊塢電影中的對白，如「別以為你把話都聽清楚了！」、「小心講話！」雖是陳腔濫調，但至今還依然管用。質問與斥責是可以的，但要不慍不火。

　　不過，千萬不要強詞奪理，指名道姓地指責某人是騙子，與其這樣，不如強烈暗示此人正在說謊。要避免人身攻擊，因為任何人和他的對手開完會後，還要一起共事。某研究結果出人意料：在會議中，激進手段並不多見。研究指出，所有會議中，敵對場面出現的機率不到1%。這說明如果激進運用得當，可以產生很好的效果。

　　值得注意的是，在會議中運用「激進」並不是唯一的最好方法，對會議中的激進者，大多數人雖然多少會流露出佩服的目光，但真正喜歡他們的人卻很少。泰勒在 1936 年有關權謀的經典之作《政治家》一書中，對這種心理下了中肯簡明的結論：「無論在先天本性或後天修養上，政治家都應該是最有耐力，不輕易發起爭端的人。但是，當他覺得應該當仁不讓的時候，他會挺身力爭，頭腦冷靜而態度剛正。要衡量一個人是否具備這種不同凡響的特質，可以透過他面對不可避免事件時的舉止觀察出來。這種舉止在外人看來多少帶了點『激進』的成分。」

報告的語言藝術

　　精彩的報告往往能吸引聽眾，產生回響，澄清模糊的認知，統一步調，推動工作。領導者報告常常會出現兩種情況：一種是照本宣科，讓人聽得索然無味；另一種是報告內容豐富，語言生動，領導者講得繪聲繪色，非常有吸引力。除了領導者的職業素養之外，很重要的部分，就是語言藝術問題。同樣的報告內容，語言藝術運用的好，就有感染力和吸引力，效果就好，否則，效果就差。那麼，怎樣才能提高報告的語言藝術呢？

▌精心準備

　　就報告的內容而言，很多行政主管做報告大多是傳達上級指示，貫徹會議精神，說明時事政策，介紹經驗體會。如果主管僅僅拿文件在大會上宣讀一遍，這就算不上是做報告。因為報告是帶有個性特色的創造性講話方式，它是對上級精神學習理解、融會貫通後，由報告人將內容重新組織而再表達出來的過程，是一種再創造。因此，只有完全理解上級精神，才

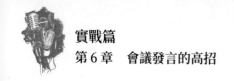
能抓住重點要害，條理清楚的將精神概括，形成具有領導者本人個性的報告內容和完整格局、體系。這樣的報告才能達到既符合上級精神，又不是原件的翻版、複製。

▌語言要有針對性

報告的語言應有鮮明的主題性，這是報告的精隨所在。領導者報告的一個基本要求，就是要抓住難點、疑點，要勇於觸及現實問題。對那些普遍存在的疑難問題；對那些大家普遍關心的問題，領導者在報告時必須用有說服力的回答。如果領導者搞不清楚眾人的想法，抓不住問題存在的癥結，無的放矢，照本宣科地只講一些籠統的空話，是很難受到大家歡迎的。

▌語言要準確精練

語言的準確度來自思維的準確性，只有想得清楚，思考得周密，才能講得準確，講得恰如其分。要根據不同的聽眾，挑選適當的語言，運用各種比喻和具體事例，緊緊圍繞所要闡述的內容，講清說透，信口開河或泛泛而談是無法抓住聽眾的。報告中不要講大話，就是不講言過其實的話，不唱冠冕堂皇的高調，不違背客觀事物的本來面目。語言真實主要表現在2個方面，一是講的事必須真實，不能顛倒黑白；二是要講出聽眾的肺腑之言。

報告的語言不僅要準確，還要精練。史達林曾這樣稱讚列寧：只有列寧才善於把最複雜的事情描述得這樣簡單和明確，這樣扼要和大膽——他說的每句話，都是一顆子彈。精練的語言，不僅可以準確鮮明的表情達意，而且能收言簡意賅的效果。有的主管報告，囉嗦重複，多冗詞贅語，就好像人手上長了「6指」，臉上長了肉瘤，不但顯得多餘，且帶來害

處。為了報告精練，對那些應景的話，對那些重複的話，要通通刪去，不可吝惜。

語言要新鮮生動

主管報告時，不論是宣傳上級旨意，還是反映下級新事物，都要力求運用富有新意的語言，就是時代感最強、代表性最廣，讓人有新感觸的語言。尤其是要有自己的總結和提煉，盡量避免講那些別人早就說過、被磨光稜角、生搬硬套、大家不愛聽的套話。語言的內容要言之有物，切忌空話連篇。

語言要通俗

語言通俗，就是人人皆懂、大家喜聞樂聽、有地方特色的語言。通俗語言就是能反映大家的想法、呼聲和心願的話。著名教育家葉聖陶說：「通行的說法，是大多數人用來傳達意思；大多數人說慣、聽慣了的，我們拿來用，就不會有隔閡。語言出在我們心裡，意思透進人家的耳裡、心裡。不太通行的說法、繞彎的說法，就不然，即使意思沒有錯，人家總覺得有點生分、不自然，這就是『隔』。」這些話很有道理。俗話說：「話需通俗方遠傳。」領導者報告是要給人聽的。如果說的話，讓人聽不明白，盡用一些生疏的行業術語和專業名詞，或濫用方言，又無法仔細介紹，那就必然影響宣傳效果。

談吐有致，講究技巧

報告雖然要依靠內容吸引人，但是，為了提高報告的效果，有些表達技巧是值得借鑑的。首先，要注意吐字清晰、聲音洪亮、節奏適度。做報告最好使用國語，或稍帶地方口音的國話。其次，還要注意克服不良談吐

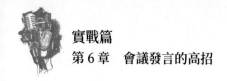

習慣。有的主管說話速度太快，像放鞭炮；有的太慢，如老牛拉車；有的則拖長腔；也有的口頭禪太多等等。所以，這些主管在平時就應有意識地注意糾正自己某些不良談吐習慣。再次，報告時切忌講「錯別字」。否則，聽眾竊竊私語，傳為笑語，看起來事小，影響卻不小。

怎麼主持「解決問題」的會議

所謂「解決問題」的會議，是指決策者們討論實質性問題的工作會議，它是領導者最常運用的一種會議形式。能否主持好這類會議，是對領導者能力和作風的綜合考驗，也是會議成敗的關鍵。

這類會議通常分 5 步進行：

第 1 步，用簡潔明確的語言闡明會議的目的和所要討論的問題：規定會議的範圍，即把會議限制在一定議題之內，不討論議題之外的事，交代一下會議的開法和時間上的要求。

第 2 步，把需要討論的問題照重要性的大小和緩急程度，排列順序。

第 3 步，一個問題一個問題地討論。每個問題最好討論幾種解決辦法，從中挑選出最好的，或把幾種辦法的長處綜合成一種新的辦法，並充分分析實行這種方法後將會出現什麼情況和結果，怎麼解決？

第 4 步，這項工作如何付諸實施？由誰來做？什麼時候達到什麼樣的效果才能算完成？完成後以什麼樣的形式匯報和總結？

第 5 步，每個問題討論完畢，主持者要做一次歸納，形成一個一致的意見；全部問題討論完畢，主持者做簡要總結，歸納會議的成績與不足，強調一下相關問題；如果需要舉行下次會議，則與大家商定開法和時間；如果需要將會議內容做成文件或紀要，則當場請承辦人落實。

很顯然，以上這 5 個步驟，只是一般性的形式。會議能否開得圓滿，很大程度取決於會議主持者能否做到以下幾點：

抓住重點，掌握方向

主持者要牢記會議宗旨，帶領與會者朝會議目標努力。為此，要善於牽「牛鼻子」，區別有益的討論和無關的爭論；有用的發言和無用的廢話。在某人的發言或眾人的爭論偏離會議主題時，主持者要用適當的方式及時提醒，引導當事人言歸正傳，使會議緊緊圍繞中心內容進行。在眾多的發言中，主持者要把精力集中在選擇切實可行的解決方案上，對那些實際上無法執行的方案，不管其說得多麼頭頭是道，都應毫不猶豫地將其放入放棄之列，最多只能將其可取之點吸收到可行方案中來。否則，很容易形成不了了之的會議。

掌握進程

哪個問題應當是研究重點，討論時間就應長一點；哪個問題比較簡單，時間就應用得少些，主持者要心中有數，不能顛倒主次，大題小作，小題大作。問題討論到什麼程度算恰到好處，領導者要掌握「火候」，不失時機地轉入下一個題目。

民主作風

會議要開得好，必須有寬鬆的氣氛，使到會者無拘無束，暢所欲言。這種氣氛能否形成，主要在於主持者是否有民主作風。主持人要把自己置於和大家平等的位置上，啟發大家動腦筋，毫無顧忌、毫不保留地發表意見。對大家的意見，主持者要善於傾聽，體察異同，分析歸納，引導鼓勵。不管某個人發表的意見是否有被採納的價值，主持者都要給予積極的

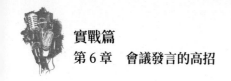
鼓勵和適當的評論，因為它對全面分析問題總是有幫助的。主持者千萬不能一言堂，更不能壓制不同意見，強制大家迎合自己的觀點。只有會議主持者具有民主作風，才能充分發揮與會者的聰明才智，為問題找到解決辦法，也能在以後討論問題時，使與會者繼續無拘無束，暢所欲言，只有這樣，大家才能真正尊重和樂於接受會議形成的決議，會後積極地貫徹實施。否則就會使人覺得，會議是在主持者的「逼迫」之下進行的，形成的意見是主持者強加給他們的，那麼，大家就不會堅決、自覺地貫徹實施。

言簡意賅的語言風格

會議想有高效率，必須使每個與會者的發言都言簡意賅。而想做到這一點，主持者能否帶頭做到言簡意賅則是關鍵。如果主持者說話漫無節制，拖泥帶水，其他與會者就會產生 2 種情況：一種是和你一起信馬游韁，使會議鬆鬆垮垮；另一種是對會議毫無興趣，認為你白白浪費他的寶貴時間。如果主持人的語言風格簡單明瞭，在客觀上立刻可以造成會議的緊迫感，使大家的精神處於高度集中的狀態，會議的效率就會大大提升。

善於調解氣氛

儘管會議講求效率，討論問題要嚴肅認真，但也不一定弄到劍拔弩張、毫無笑意。事實證明，輕鬆的氣氛有助於活躍思考，討論問題。會議的主持者要善於製造這種氣氛，每當出現僵局或拘謹、緊張時，主持者應當發揮「幽默」的藝術，比如可以不時用一個不過分的笑話、俏皮話、笑聲或友好的諷刺來解除緊張狀態，使大家輕鬆自如地繼續討論。同時，會議要注意適當的休息。每過 1 ～ 2 個小時，就應當休息 10 ～ 20 分鐘，使大家緊張的神經鬆弛一下。討論時間持續得太久，頭腦就會處於抑制狀態，效率反而不高。選擇休息的時間也有時機。這個時機應當選擇在一個

問題的討論告一段落之時，而不是隨心所欲，特別是不能在討論到關鍵問題時休息。

怎麼做好工作總結報告

一到年終，許多企業都會開總結會議。主管這時總免不了上臺做工作總結報告。總結報告的好壞，不僅反映出主管水準、領導能力的高低，也反映出主管口才的優劣。因為，總結報告像劇本，以下就如何做好工作總結報告，提出幾項忠告：

▍切忌說成流水帳

要做好工作總結，一定要多蒐集日常工作的檔案資料，而平時的資料是瑣碎、分散、零星的。報告之前，首先要大量蒐集，做到「韓信點兵，多多益善」。充分全面的檔案資料是提煉、歸納可靠實在的觀點基礎。有了「米」之後，就要看「巧婦」的本事了，如果把這些資料簡單地羅列、堆砌起來，一股腦兒地敘述事物經過，或為了照顧各方面關係，「灑落」式地把每個部門都表揚一下，都分配一個「亮相」機會，如此面面俱到的「流水帳」就會讓人感到囉哩囉嗦，不得要領，不知所云。這也是一種不負責任的態度，實際上是擺擺樣子，應付交差。正確作法是根據「立言之本意」的原則，對檔案資料進行邏輯的取捨、組織和概括，要在認真分析研究的基礎上，減頭緒，去枝蔓。主要的東西要詳述，次要的要略講，與主題無關的就不講。引用事例和數據時要精選，凡用一個事例就能說明的問題，就不用 2 個、3 個。這樣抓住重點就會產生深刻的思想見解，不致使人看起來像喝白開水，淡而無味。正所謂用一條紅線（主題）將散落的珍珠（檔案資料）串成一條珠光閃閃的項鏈。

161

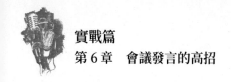

▍報告時不能文過飾非

光有經驗，沒有教訓的總結，嚴格來說也不能算完整的總結。一份有力度的總結必須實事求是，不能迴避問題；只講好、不講壞；歌功頌德有餘，揭露問題不足；只報喜不報憂；滿紙表揚語，通篇「過年話」。自吹自擂、粉飾太平，這樣的總結，對上不能使主管掌握情況，對下不能用於指導實踐，瞞上欺下，是一種極端不負責任的態度和作風。其政治素養，讓人懷疑，發展下去，就會影響主管的正確決策，折損眾人的工作熱情，讓事業造成損失。一般說來，十全十美的事物是不存在的，工作中的缺點、問題也不可避免。所以工作必須堅持實事求是的態度，端正思想，一切從實際出發，一分為二，排除私心雜念，正確處理「遵命」與求實關係。克服本位主義，就是不能誇大成績，掩蓋缺點，文過飾非。堅持實事求是，還應正確處理事實之間因果關係，不能割斷事實間的邏輯。無論何時何事，都把「主管決策的正誤」放在第一條；不能伸縮時間和空間，即不能集好事於一人、一時、一地，集壞事於一人、一時、一地；也不能隨意解釋事實，把成績隨意變來變去，今天說甲因，明天說乙因，後天又是丙因。總之，要讓總結真正展現出「發揚成績，糾正錯誤，以利再戰」的目的，才能展現出，有能力的主管在總結會上發言是有分量的。

▍切忌不能老生常談

所謂新意是指那些來自社會實踐，觀察分析事物有一定高度，對人們的社會實踐具有指導意義的經驗和具有借鑑作用的教訓，而不是標新立異，追求時髦，也不是滿紙生吞活剝的新名詞。如何做到有新意呢？就是要經過細緻的深入調查、敏銳觀察，抓住真實典型的資料、材料，用正確理論去分析，寫出獨到之處，特別是要有解決問題的新作法、新見解、新

經驗。重點要能一語破的，抓住事物本質，揭示事物規律。比如有衝破傳統觀念、有新意的思想，有的放矢、切中時弊、能讓人解除疑慮、消除疑慮的思想等內容。還有同一個事物，以不同角度，在不同時機來觀察、分析，也會產生新意。「橫看成嶺側成峰，遠近高低各不同」，就是說從不同的立足點、不同的觀察點，可以看出廬山不同的氣勢和雄姿。「水光瀲灩晴方好，山色空濛雨亦奇」是說時機不同，所看到的西湖景色也不同。晴天時，看到西湖波光浩渺，水天一色；雨天時，看到山色空濛，雲遮霧障，別有一番情趣。這正是言當其時，一字千金；言不當時，一文不值。總結報告要有新意，最忌一味抄書、抄報、抄文件，像那種「翻開報紙找點子，跑到下面找例子，關起門來寫稿子」的作法肯定是不行的。要有新意，還必須克服懶惰思想，不能一份總結常年用，「新一年舊一年，改頭換面又一年」是不行的。要勤於動腦，善於思改，努力克服老思路、老習慣的影響，發揚創造性工作的精神。

依照問題的解決順序主持會議

在「解決問題」式的會議中，通常大家會先提出各種問題，並討論解決方式。一些意外問題的發生和其解決處理方法也會被討論到。

這個時候，最有效、最能發揮效果的，無疑就是以下我們所要介紹解決問題的會議順序。為了讓會議有內容，並且在短時間內可以讓參加者提出意見，展開討論和做成結論，這個方法請領導者務必運用在工作會議上。

下面將問題解決會議的步驟，各項目以實際案例說明。即使是由員工擔任會議主持，也可以將此順序記在腦中，以便能夠隨時進行軌道的修正。

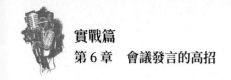
在解決問題會議中的事項

前面說過，在公司的會議中都是以「解決問題」為主，所謂解決問題大致是這樣的。

- ◆ 當有問題發生時，大家針對問題及解決方式所進行的協商會議。

- ◆ 在上級決策機關定出方針時，召集成員，商談「如何將方針付諸實踐」的會議。

- ◆ 雖然當前沒有迫切需解決的問題，但各成員或部門報告各自的近況，並就可能發生的問題進行討論的會議。

- ◆ 在例會中，各部門成員，提出個人的問題重點，並就此進行討論的會議。

- ◆ 有突發性意外狀況發生時，成員或部門為求追究、了解問題，統一認知和解決方案的會議。

上述類型的會議，領導者都可以按照在此所敘述步驟進行。

解決問題會議的實際步驟

第 1 階段：標明主題和解釋主題間的過渡階段

在標明主題時，如果會議主持人只是一句帶過，那很可能就會變成沒有結論的協商。如：「要怎樣才能提升營業額呢？」

會議主持人雖然提出了問題。但是，像這樣輕描淡寫無關緊要的說法，會議參加者有不知從何講起的困擾。至於要在一定時間內找出解決方案及具體策略，那就更難了。因此，在此時，應將主題先行濃縮摘要。

「要提升何種商品的營業額？」

「是集中火力於目前公司的主打商品 A 嗎？」

「是縮小範圍主攻東區市場嗎？」

這樣一來，也就將主題細化並分項摘要提出。

第 2 階段：成員提出現狀分析和問題點的階段

例如，在會議主持人點出主題「提高營業額」後，接著進行第 1 階段，就「集中火力於主打商品 A」的議題，限定討論範圍。接下來就是現況分析和問題點的提出。

「我們打算集中火力於 A 商品的營業額上。現在，就 A 商品的營業現狀，各位有沒有什麼意見可以提出來？」

會議主持人開始誘導與會人員發言，請他們就現實狀況提出意見。此外，同時也要請與會人員說明其意見的理由、原因和問題點。

「在各位分析現狀的同時，也請一併說明分析的理由和原因。還有，若是有任何問題也可以提出。」

會議主持人發言促進誘導與會人員發言，並進一步確定問題。

這階段時間應該盡量充裕，讓大家能自由且無所忌憚地發表意見。與會人員所提出的資料和分析，如果越新越正確，所擬定的解決策略也就會越正確。

第 3 階段：提出解決策略的階段

在第 2 階段中，已經表明現狀和問題點。這時會議的討論大概已完成了 80％。接著就要請與會人員提出對問題的解決策略，針對問題考慮一下，究竟該採用何種方法和手段好，該用何種應對方式。大家充分交換意見，共同選出最好的解決方法。

「大家已經相當清楚現狀及問題點了，接著就要請各位提出可以解決問題的方案，不論是什麼方案都歡迎大家提出來。」

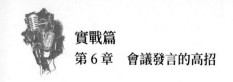

如果提出的解決方案不止一個，那麼就要區分成最優、次優、一般等級。

「因為有好幾項解決方案，所以我們就從最優方案開始討論，希望大家能踴躍發言。」

會議主持人還是需要像剛才一樣盡量引導大家充分發表意見。

第4階段：提出具體實施策略，到最後整理總結的階段

這個最後階段是讓成員提出具體實施策略，也就是落實決定具體可行方法的階段。不管再怎麼好的解決策略，都一定要能得到最終落實才是有效的策略。還有，這些具體戰術必須是每個與會成員都清楚明確才可以。

「好了，各位，解決問題的原則已經決定了，我們現在進行今天會議最後的討論，討論具體的作法和開展方式。」

會議主持人請與會人員提出意見，並根據大家發表的意見，整理成全體人員都能理解的具體策略。

「我們會議時間已經到了預定結束時間，討論結束。」

「這次的議題，如何擴大 A 商品的營業額，希望各位能遵照會議的決定，落實各自責任。這麼長的開會時間，辛苦大家了。散會！」 會議結束。

引導發言的方法

很多時候，由於與會人員不能全面領會會議主題精神，想先觀望一下別人的態度。於是，會議就形成「冷場」。這時，會議主持人可以借助點名發言或質問的方法，控制發言，讓意見更活潑，其具體的方法有以下這些。

以全體成員為對象的指定發言法

「各位，關於入股的事，請大家提出意見。」、「哪一位都可以，請盡量發言。」、「接下來是各位發表意見的時候了，請有意見者踴躍發言。」

會議主持人以此類引導發問的方式，引導成員提出意見。如果沒有人主動，則可以改用下列的質問法。

以區域或組別為對象的指定發言法

「請各地區派代表發言，首先是東京地區的代表，現在請發言。」

「請各位依照營業、宣傳、企劃的部門順序提出意見。」

「我想先請女同事，從女性的立場提出妳們的意見，然後再聽男性方面的意見。現在就請女同事們發表。」

個別提名式指定發言法

「下面是否請張 XX 先生就這點發表意見。」

「李 XX 先生，能不能請你站在專家的立場上，也發表一下意見。」

會議主持人可以要求一直沉默的人，或有某種身分、立場的人發表意見。這種要求別人發言的指定方法，除了可以讓話說太多的人停止發言外，還可以有效地引導其他人發言。

接力式的指定發言法

「請大家按照座位順序發言。」就像接力比賽那樣要求大家一個接一個發言。

「剛剛王 XX 先生提出了很好的意見，接下來我們請趙 XX 先生就剛才意見提出自己的看法。」這是另一種接力式指定發言，一個一個地將意見當成接力棒，交給其他的人。

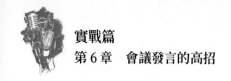
拋回式指定發言法

直接要求發言者對自己的發言、意見和問題再次發言的方法。

如，成員：「主持人對我的意見有什麼看法。」

會議主持：「你覺得有哪些地方還需要補充嗎？」

就可將問題再拋回給成員。

和內容相關的指定發言法

抽象化的指定發言法。當發言者所講內容過於瑣碎時，會議主持可指定對方：「能不能把想講的話整理一下做成結論。」

具體化的指定發言法。發言過於省略、太抽象、太欠缺具體性時，會議主持指定當事人發言：「能不能請你說得更具體一些，內容太抽象了，大家可能不容易了解。」

指定當事者以不同角度和視聽發言。「這在技術上面雖然很容易了解，但在安全方面可能又會出現什麼情況，這點能不能讓我們聽聽你的意見。」

會議中插話的訣竅

插話不同於一般的交談或演講，它是利用當時的語境，針對說話者表達的內容，在其表達過程中插入適當的詞句，表示贊同、附和或反對等看法，產生補充、調節作用，以調劑會議氣氛，推進會議進程。它展現了插話者的綜合素養，是與會者經常運用和必須掌握的技巧之一。

就像我們觀看籃球比賽時，比賽雙方勢均力敵，不分勝負，且時間很長。身為觀眾就有身體疲勞，眼睛發痠之感；比賽者也會大腦高度集中，身心緊張。如果這時比賽場上出現「暫停」的場面，觀看者此時就會活動

一下筋骨，調整自己的精神，比賽者也會放鬆自己高度緊張的大腦。這時的「暫停」，人們不僅不討厭，反而會感到適時。但是，如果激烈的比賽場上頻頻出現「暫停」，就會給人大煞風景之感。

比賽場上的「暫停」與會議插話有異曲同工之處。會議插話，通常是指領導者在會議進行中，打斷發言者的思路，或是借題發揮，或是補充、強調的一種隨時發言。一句或一段精彩恰當的插話，不僅能活躍會場氣氛，引起人們聽講的注意力，還會造成畫龍點睛、凸顯主題的作用。如果是突兀生硬、無關痛癢、不合時宜的插話，則會成為畫蛇添足之筆。同是插話，由於使用的方式不同，時機的掌握各異，效果大相逕庭，足以使人玩味和思考。

由於插話是人們在他人的談話表達過程中，有針對性地、不失時機地運用語言進行的一種交際形式，事先難以預料和掌握，更談不上經過認真及周密的準備。那麼，插話是不是毫無規律、隨機即興而發呢？答案是否定的。任何事物都有自己運行和發展的規律，插話也不例外。它除了日常加強領導者自身思想文化素養的修養外，在具體運行中，還是有一些基本原則和方法可循的。

▌要選好「插縫」，抓住插話的時機

靶要打得好，槍要瞄得準，話要插得好，就必須選好「插縫」、如果沒有「插縫」硬往裡插，那就會給人一種生硬之感，不會帶來好的效果。可是，在開會的時候，有些領導者不太注意選擇插話的時機，只覺得自己有話可說，就忍不住，不分先後地往外倒。這樣插話的結果，對唱主角戲的人並沒有達成很好的配合作用，反而造成某種程度的「衝擊」，影響了會議效果。這樣做，至少產生 2 方面的負面影響：1 是身為主講的發言

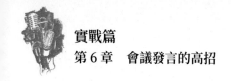

者，可能會想「是不是我講得不好，既然這樣，乾脆你講好了」。2是身為聽眾也可能產生反抗心理：「你老是打斷別人的發言，我們到底要聽誰的呢？」所以，領導者在插話時，一定要注意選擇好時機，只有在認為該「補充幾句」才足以說明問題時，才能插上幾句。

插話不僅要選擇好「插縫」，而且要插在點子上。插話要環環相扣，句句「插」到點子上，絕不能信口「插」來，想到哪裡「插」到哪裡，想「插」什麼，就「插」什麼。那種為了譁眾取寵而故弄玄虛的插話，會大大降低插話者本人的威信。一句好的插話能將會議推向高潮；一句不好的插話不僅會把會議方向弄偏，還會帶給自己相當大的負面影響。插話通常是對講話的補充，因此，它應與會議主題有密切關聯，有一定的分量。如果是可插可不插，那就最好別插。因為人家講得好好的，大家聽得滿有意思，你硬要插話，又講不到點上，那就會引起聽眾的反感。所以插話還要考慮好話題，所要補充的話必須是會議精神的重要組成部分，或是主講人沒有講夠、講透、講深、講細的內容。只有在與會人員大多都帶著疑問的眼光聽發言時，抓住這種前提下的「插縫」，歸納性的「插幾句」才能奏效。

▌要豐富插話的語言

冰凍三尺，非一日之寒。插話語言的修養也非一朝一夕之功、是領導者綜合素養和各方經驗的集中展現。要豐富插話語言，應注重加強語言積累，著重進行自然、靈活、準確、簡明的語言訓練。自然，插話的語言要順其自然，切合時境，不要刻意雕琢，要達到呼之欲出的境界。靈活，語言的使用要直達主題，不拘一格，靈活多樣，它是插話者敏銳、機智、善變等素養的集中表現。準確，可供插話者的時間很短暫，要求語言使用一語中的，點到為止，不要言不及義，無的放矢。簡明，語言乾脆俐落，簡

明扼要,如同黑夜中的流星,照亮長空,稍縱即逝。因此,身為插話者必須努力做到「準確,簡短,幽默些」。

插話應以短見長,幽默而富有感染力,抓住重點,三言兩語,講完即收。劉禹錫曾說:「山不在高,有仙則名;水不在深,有龍則靈。」衡量領導者插話有沒有水準,是否精彩,並不在話的數量,而在於話的品質。話雖不多,但條理清楚,一言九鼎,就是說得好,說得妙。可是有些領導者總掌握不住這一點,他們一開口就停不了,總愛把話扯得很遠,這樣不僅會「淹沒」會議主題,喧賓奪主,讓主講者處於難堪的境地,與會者也會容易對這樣的主管引起反感。應當明白,插話不同於講話,只有插得精彩幹練,才會收到應有的效果。

▌不要插話成癖

有些領導者為了顯示自己的存在,插話成癖,逢會便插,一會一插。更有甚者,眾多主管會互相比較,你插他插,強插硬插。我們提倡主席臺上就座的領導者,不防充當一次「啞巴」,即使到了非插話不可的地步,也要切記插話不要超過一次。否則,既使會議主持人難堪,又壓抑講話者的情緒,還會使與會者產生厭煩心理,更降低了自己的威信。免開尊口,何樂而不為呢?

讓會議成員積極發言的祕方

在會議上沉默到底,一言不發的人,在人數統計上是存在的,但在討論解決問題的會議上,其存在價值等於零。

即使自己沒有意見,但對他人的意見覺得對或錯,都要很清楚地表明,這是會議出席者的義務。與會者不願發言的原因及對策如下:

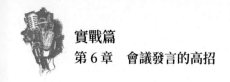
▌因為準備不足且無自信

新進的員工或剛從其他部門調入者，雖然有話想說，卻總是因為怕內容不足而猶豫或打消發言念頭。

對這類人，會議主持可以表達歡迎他們發言或提問題的心意，「有時，新人的意見最受歡迎了，特別是從新立場、不同角度的問題及看法請盡量提出來」。

▌因為怯場

容易怯場者大致可分成 3 種：別人不覺得有什麼不同，但自己卻感到緊張萬分的人；自己或他人都公認很怯場的人；臉紅、口吃表現在言行上的人。

上述形態的人，在其發言時總是會有自卑或劣等的潛意識。而這種感覺卻是天生喜好說話的人所無法理解的。

特別是外向喜好說話，對人生或工作充滿自信的領導者，得花更多的心思去了解拙於言詞表達且有自卑感的人。

那些懦弱、拙於言詞、怯場的人，要他們在公開場所講話，簡直就跟請他們喝毒藥一樣；而會臉紅和口吃的人，那就更嚴重了。

這類人在會議上或公開場合說話時，建議領導者或主持人這樣插話。

即使是一句話、很微小的發言、很簡短的發言，會議主持也要表達歡迎之意：「很好的意見，謝謝！」

對那些想要發言，又不知該怎麼辦的人，會議主持人也要拋磚引玉：「不管有任何意見都歡迎發表。」

有時發言到一半，當事人忽然說不下去，或所說的內容讓人一頭霧水時，會議主持人應馬上打圓場：「慢一點沒關係，請繼續說下去。」

害怕被批評

很多人害怕說得太多會有不良的效果。

「說這種話會讓上面不高興，妨礙以後升官。」

「假如公司真的採用了我的建議，萬一執行之後效果不好那怎麼辦？」

在上述心理下，與會者的發言大都是無關緊要、可有可無的意見，或是附和上司的馬屁發言。會議主持此時應強調：「不管結果是什麼，因為是討論，只要是有建設性、前瞻性的意見，歡迎大家盡量提出來。三個臭皮匠，總能賽過諸葛亮嘛！」

完美主義

以完美為信條的完美主義者，最不喜歡事情沒萬全準備就行動。

領導者：「XX，你的意見如何呢？」

員工：「我還沒想好，請別的同事先發表吧！」

即使被催促發言，他也會說：「我還在想。」、「我還沒有想好。」

如果是碰到這種拖延發言的情況，應該告訴他，不成熟的想法也沒關係，催促其發言。

「這樣子嗎？可是，目前所有的人都想聽你的意見，就把現在你所想的說出來給大家聽聽好了，不成熟的地方大家幫你完善。」

認為會議浪費時間

這類型的人，在辦公室生活中總是懷著不穩定、浮躁的心情過日。

對於這類認為辦公室只是暫時棲身之所，開會只會浪費時間的人，上司要特別注意。要常開導他們身為員工，既然從事這份工作就應該有負責的工作義務，而會議也是重要工作之一，並不是休息的場所。同時也鼓勵其提出建設性意見。

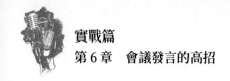

怎麼處理會議中的意外情況

「天有不測風雲，人有旦夕禍福。」會議主持者儘管事先對會議進行了認真的準備，但在會議進行中往往還是可能會出現一些意想不到的情況。對這些情況，主持人一定要沉著冷靜，靠自己的應變能力恰當地加以處理。

▌巧妙對付會議開始的冷場

冷場，是會議活動中常見而又使主持者頗感難辦的問題。冷場的原因很多，我們應針對不同的原因，採取不同的措施。1是與會者沒準備，一時難以發言。特別是事先沒有打招呼，臨時召開的會議就很容易出現冷場，這時主持可以鼓勵大家先談不成熟意見，在討論中再補充完善。也可以請大家先做短暫的準備，然後發言；2是與會者對所討論的議題不理解、不明白而感到無從開口。主持人應詳細、明確地交代議題，對與會者進行耐心啟發；3是會議議題直接涉及與會者多數人的利益，因為有太多顧慮而造成的冷場。主持者應先啟發與其利益關係不太大的，或是大家公認比較正直、公道的人發言，然後再逐步深入。只要有人開了頭，冷場就會變成熱烈；4是會議議題有一定的難度和複雜性，一時不易提出明確意見。這時主持者可以由淺入深，啟發大家動腦筋，逐步接觸問題的實質，也可以選擇分析能力強、比較敏銳的同事率先發言，打開突破口後，再引導大家討論。

▌善於打破部分人的沉默

當一部分人在會議上沉默時，主持者應當思索沉默的原因，有針對性地採取對策。會議中的沉默通常有以下幾種情況：

- ◆ **顧慮、害羞的沉默**：有的人有較好的意見和看法，但因某種顧慮而沉默不語。對於這種情況，主持人應想辦法打消這些顧慮，支持他們發言。有的人怕講不好，被人譏笑，既想講又不敢講，會議主持人要尋找機會鼓勵他們，表示出對他們的發言很感興趣，促使他們大膽發言。

- ◆ **持少數意見者的沉默**：當會上多數人同意某種意見，出現一面倒的情況，持少數意見的人知道自己的意見已經被孤立，也就不願講了。在這種情況下，主持者不應急於表態同意多數人的意見，應當耐心地、熱情地鼓勵有異議的人講出自己的見解，以便比較。

- ◆ **無所謂的沉默**：當會議議題與部分人關係不大時，有人會認為議題與己無關，抱著無所謂的態度而不願動腦筋。會議主持者應採取恰當的方法把他們引導到會議議題上，促使其思考問題。

- ◆ **對立的沉默**：有的人對會議主持人或會議議題有對立情緒，會出現不予理睬的態度。如果他們的意見確實有必要公開出來，會議主持人應主動、熱情地引導他們發言，即便是對立的意見也應給予鼓勵支持，對而後引起言詞激烈的意見也不要介意。

當然，會議中還有一些出自其他原因的沉默現象。如有的人不吭聲可能是表示同意，有的暫時不表態可能是想聽別人意見後再發表，有的人是因沒有新的意見等，這些情況均屬正常，不必太過在意。

▍善於控制離題發言

在會議發言中還會常出現跑題的現象。這種現象與冷場恰恰相反，可以算是會議「熱烈」的過頭。離題時不可強拉，也不能不拉。勉強拉回會挫傷積極度，不拉回就可能開成無效的會議。出現離題發言主要有 2 種情

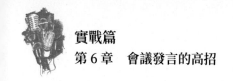
況：一種是「閒話式的離題」。會議討論中談論傳聞、軼事及與議題無關的閒話，而且喜歡海闊天空、津津有味地談論，越扯離議題越遠。這種現象通常是因為與會者認為議題與自己無關，不感興趣而出現的；也有的認為議題不好發言，而沉湎於題外的話題。這時，主持者應採取措施：

- ◆ 接過討論的某句話，順勢巧妙自然地引回正題；
- ◆ 連結議論的某一層意思，提出新的話題引入到正題中；
- ◆ 用一句善良的話或風趣的話截住議論而引入正題。

　　另一種是「發揮式的離題」。發言者為表示自己的才能，或顯示自己的見解，自覺或不自覺地講與議題無關的內容。對這種離題現象的處理也不能簡單粗暴，應盡可能採用不影響情緒和氣氛的方式，禮貌提醒發言者。

理智對付影響會議的人

　　身為領導者和會議主持人，對於口若懸河的與會者或是一言不發的與會者；對於事事都要爭論不休或是開口就離題的與會者；或是私下開小會的與會者……，身為主管，又是會議主持人，究竟該怎麼辦？

▌口若懸河的人

　　有些人話太多，他們總喜歡聽自己說話，似乎要利用每次會議來壟斷討論。如果你事先知道這類人，安排他就坐在你的左右，這樣你可以「避免」看到他想要發言。

　　如果他發言了，給他適當的時間，然後說：「你提出的幾點很好，現在讓我們聽聽其他人的。」以此打斷他。如果這一招無法奏效，就限定時間，比如，每人只准發言 2 分鐘。

▌一言不發的人

有些人膽小,若想在眾人面前講話,舌頭就打結。不要問一些讓人難於回答的直接問題,這會讓這種人感到難為情。相反,問一些你認為他們能夠回答的問題,例如,有關他們的工作、家庭或如何處理某一特殊情況的問題。有機會就表揚他們,拍拍他們的肩膀,幫助他們克服發言時的不安心理。

▌竊竊私語的人

當一個人開始與周圍的人交談,干擾會議時,你該怎麼辦?最好的辦法是盡可能用眼神制止他。但總有些人毫不體諒他人的感受,你不得不提醒他們。

如果交談到必須加以制止時,你可以透過直接提問來試著打斷交談者,或者你也可以停止發言,等他們安靜下來。如果這也不管用,你可以對他們說,「如果你們有什麼要說的,請大聲說出來,好讓每個人都能從你們的討論中獲益。」

另外,如果你想制止他們,就請他們總結一下最後幾個建議,並評估其可行性。他們在腦子裡對這些或許不太清楚,說不出來,這時他們就會注意了。

▌爭論不休的人

事事都要爭論的與會者會讓一個好的會議流產,主持人需要有辦法對付他們。如果你能,盡量弄清楚他們為什麼每件事都過不去,一旦找到原因,事情就好辦了。不要批評他們使他們喪氣,要把他們刻薄的評論和質疑看成司空見慣。

如果可以,重複他們的意見,顯得你已經接受。如果你無法控制他

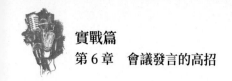
們，就把他們問題中存在的謬誤大聲念出，然後提交給大家討論。這麼做大家可能都會厭惡他們，無須施加任何壓力，就能讓他們知道自己是多麼討人厭。這很可能會使他們安靜下來。如果再不行，看看你是否能避免讓這種遇事必爭的與會者下次再出席會議。

▌離題萬里的人

開會時經常出現離題的現象，甚至最出色的主持人也要想盡辦法制止。這種現象出現過多時，會議就會脫離軌道，進程很慢，身為主持人，你的職責是把會議引上正軌。可以採用幾種方法。

比較和婉的態度可以說：「這是個頗有意思的意見。但這對討論我們的問題適用嗎？」這樣可能會讓別人察覺到他們離題了，使他們回到討論的議題上。

或者，如果可能的話，逐步把較遠的討論與眼前的問題結合，可以把大家導回軌道。如果還不行，就總結一下到目前為止已經說過的內容。這樣就會調整其方向，把注意力集中到主要議題上來。

總結會議的方法

會議總結是會議領導者對會議情況的歸納性陳述。會議總結看似簡單，但領導者要做好它，也並非易事。 會議或長或短，總要有個結果，如果沒有結果，那麼眾人的發言就失去了價值，會議也就喪失了意義。會議總結是領導者對會議的畫龍點睛之筆，關係到會議能否開得圓滿成功，關係到會議品質的高低。

會議總結的意義有：對會議發言情況、討論內容進行歸納，使之條理化；對會議發言中認知不清或不夠深刻的問題，提升到應有的高度；對發

言、討論中有爭議的部分，力求達到思想認知的一致；對會議精神的貫徹
執行，明確具體的方法、步驟和要求。

領導者做會議總結發言，應尊重事實，一分為二，既充分肯定成績，
又指出不足之處，尤其要對今後努力方向和奮鬥目標加以強調。

▍會議總結的方式

領導者有效地進行會議總結，可以採用如下方式：

- **串珠式**：與會人員的發言中，不乏亮點之處，但由於個人掌握的情況
  或認知水準的局限性，這些思想火花只是「零珠碎玉」。會議領導者
  應站在更高的層次上，用發展連結的觀點，把這些「零珠碎玉」串起
  來，形成有價值的會議總結。

- **歸納式**：與會人員列舉許多互有關聯的事實，但對這些事實僅處於認
  知階段，會議領導者應運用歸納求證法，從中找出有規律性的邏輯。
  另一種情況是大家七嘴八舌，各抒己見，但有的明顯重複，有的表達
  方式雖然不同，但核心思想卻大同小異，也需要領導者加以歸納。

- **昇華式**：與會人員都表述了自己的見解，但表述得都不夠完善和深
  刻，這就需要會議領導者對眾人的思想加以昇華，將與會人員心中所
  有、口中所無的內容表達出來，使眾人的認知水準提升到更高的層
  次。

- **評論式**：這種方式一般用於策略性研究會議上。在與會人員充分地獻
  計獻策後，領導者要對這些意見做出評論，同時表明自己的態度。當
  然領導者在評論方案時要有分析，表態應注意方式，不要傷害與會人
  員自尊心。

- **拍板式**：當領導者做決策的各項客觀因素，大家的態度已經明瞭時，

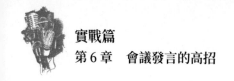
領導者就應及時拍板定案，不可猶豫不決，喪失良機，不然就會帶給工作更大的損失。

常見的會議總結法

會議領導者做總結，應根據不同的會議種類，有所側重，有所區別。

1. 解決問題會議總結法

在各級主管決策中心討論實質性問題的工作會議上，能否做好總結，是對領導者個人能力和作風的綜合考驗，也是會議成敗的關鍵。這類會議的過程，在前面已做分析，而這類會議的總結方式，除了對整體情況進行回顧和概述外，若會議中有些問題還沒得到解決，有待進一步研究時，在會議總結中也可以一併向與會人員交代清楚。

2. 決策性研究會議總結法

決策性研究會雖然不是領導者在會上當場拍板，立即決斷問題，但會議討論的意見總得有個歸納。因此，會議領導者要善於傾聽各種意見，一邊傾聽，一邊比較，一邊分析，一邊歸納，仔細分辨各種意見的異同，找出它們的長處和短處，衡量利弊，把有價值的東西吸收到會議總結中。

會議領導者如果感到問題討論得還不夠深入徹底，就要及時提出問題或用發言者的某個建議來引導大家繼續討論，使方案逐步趨於成熟。

這類會議在最後總結時，應做到以下3點：1是充分肯定會議獲得的成效是大家共同努力的結果，這樣有利於增加會議的積極氣氛，也有利於今後這類會議開得更好。2是一定要把所有有價值的意見盡可能不遺漏地綜合起來，給予肯定，即使完全未被採納的意見，也應肯定它的價值，或表示在其他場合可供參考。這樣可以使每個與會者都感受到自己的意見受

到重視。最忌諱的是，與會者發表了 10 個意見，會議領導者在最後總結時，卻發表了一個早已想好、與眾多想法相悖的意見。這樣，大家就會視其為自視高明、剛愎自用的人，久而久之，便降低大家參與這類會議的興趣，會窒息積極探索的空氣。3 是不要「封口」。永遠不要把某些意見說得十全十美，全面肯定，而對另一些意見全面否定，因為這麼做是不明智的。同時，領導者應明確表示，希望大家散會後還要繼續思考、積極探索，並隨時歡迎傾聽大家的新意見等。

3. 全體員工會議總結法

全體員工會議總結的主要內容有：

- 簡要說明會議是在什麼情況下閉幕的；
- 回顧會議過程，概括會議內容，總結大會成果，在肯定成績的同時，指出不足與努力的方向；
- 向與會人員提出貫徹執行會議決議要求，表示祝願或給予鼓勵；
- 鄭重宣布會議閉幕。

這種會議的閉幕辭與一般會議總結是有區別的；前者對會議情況的總結是高度概括，後者則比較深入具體；前者的文字比較嚴謹莊重，後者則較輕鬆隨意。

▌會議總結的表達

會議總結的表達方式有如下 3 種：

- **口頭表達**：即由會議領導者對會議做個簡要的口頭總結，不留文字性的東西，或事先不寫總結性講稿。這種方式適用於時間短、議程短、議題少的會議。

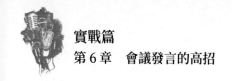

◆ **書面表達**：即由有關主管或文書人員撰寫文字性總結資料，形成諸如閉幕辭、會議總結講話、會議紀要之類的會議專用文書（文件）。

◆ **綜合表達**：這種方式分為以下兩種：

‧ 先口頭表達後成文，即先由會議主持人做口頭會議總結，會議結束後再整理成文件（書）；

‧ 先成文後口頭表達，即先把會議總結形成文字資料或形成會議專用文書（如閉幕辭、會議總結談話等），然後由會議領導人拿到大會上去宣讀。

會議總結講話是在會議即將結束的時候，會議領導人結合會議進行情況，對與會人員提出進一步要求的總結性講話。

會議總結講話與閉幕辭有相似之處，但在具體內容和側重點上都有所不同。會議總結講話一般用於各領導與管理系統召開的工作會議或專題會議，要求會議主管總結會議的進展情況，對貫徹會議精神提出具體的措施和要求，對會議期間的遺留問題做出解釋。會議總結講話一般都比閉幕辭寫得更為具體。閉幕辭一般適用於比較隆重的大會，也要求會議主管對會議做簡短總結，簡述會議獲得的成果，並對貫徹會議精神提出具體要求。閉幕辭一般都比較簡短，在語言上要求措辭激昂，富有號召性。

第 7 章　社交場合的交談妙招

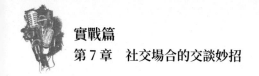

身為主管，免不了遇到這樣或那樣的場合，需要說上幾句適當的話。而這幾句所謂適當的話，有可能幫很大的忙，解決有些原本很難解決的問題。因此，如果能夠得體地適時運用好口才，無疑會給工作、事業、生活帶來意想不到的收穫。

認清口才在現代生活中的地位，我們就一定能夠理解有效說話的意義，並努力學會說話的技巧。

如何做到稱呼得體

與人談話，稱呼是必不可少的。在社交中，人們對稱呼是否恰當十分敏感，尤其是初次來往，稱呼往往影響交際的效果。有時因稱呼不當，會使交際雙方產生感情上的障礙。不同時代、不同國家、不同地區、不同社會集團之間都有不同的稱呼。但也有共同的稱呼，如「太太、小姐、女士、先生」等。

有時候，稱呼別人不是為了滿足自己，而是為了滿足別人。遇到一位朋友，最近被升遷為局長。見面時就應先跟他打招呼：「X 局長，真想不到能在這裡見到你。」如果他聽到你跟他打招呼，就會顯得特別高興，忙著跑過來和你並肩。雖然平時他是個不太健談的人，但那天卻可能顯得很健談。

舉個例子，當瑞典國王卡爾‧古斯塔夫訪問舊金山時，一位記者問國王，他希望自己怎麼被稱呼。他答道：「你可以稱呼我為國王陛下。」這是一個簡單明瞭的回答。

不論我們如何稱呼人，最重要的是要傳達這樣的意思：「你很重要」、「你很好」、「我對你很重視。」

領導者在社交場合，使用稱呼還要注意主次關係及年齡特點。如果對多人稱呼，應以先長後幼、先上後下、先疏後親的順序為宜。如在宴請賓客時，一般以先董事長及夫人、後隨員的順序為宜；在一般接待中，要按女士們、先生們、朋友們的順序稱呼。使用稱呼時還要考慮心理因素，若有 30 多歲還沒結婚的人，就稱為「老張」、「老李」，會引起他的不快。對沒有結婚的女人稱「太太、夫人」，她一定會很反感，但對已婚的年輕女人稱「小姐」，她一定會很高興。

除此之外，稱呼應該根據社會習慣來進行。例如，一般分為職務稱、姓名稱、職業稱、一般稱、代詞稱、年齡稱。職務稱：經理、科長、董事長、醫生、律師、法官、教授等；姓名稱：一般以姓或姓名加「先生、女士、小姐」；職業稱：是以職業為特徵的稱呼，如上尉、祕書小姐、服務小姐等；一般稱：太太、女士、小姐、先生等；代詞稱：用代詞「您」、「你們」等來代替其他稱呼；年齡稱：主要是以親屬名詞「爺爺、舅舅、伯伯、叔叔、阿姨」等來相稱；對經濟界人士：可用「先生、女士、小姐」等相稱；也可用職務相稱，如「董事長、經理、主任、科長」等；對知識界：可以用職業相稱，如教授、老師、醫生（大夫），還可用「先生、女士、太太」相稱；對文體界：可用職務稱，如「團長、導演、教練、老師」等；對於一般的演職員、運動員，就不能稱「XX 演員」或「XX 運動員」，而要稱呼「XX 先生」或「XX 小姐」。

另外，入鄉隨俗，這一生活常識對稱呼至關重要。到什麼山上唱什麼歌，在不同的環境裡，就要根據當地人們不同的文化觀念、好惡態度去決定選擇什麼樣的稱呼語。

華人都認為老年人是經驗和睿智的象徵，因而用對自家長輩的稱呼語去稱呼年長者便是尊重的好方法。孩子們叫65歲以上的女性為「奶奶」，

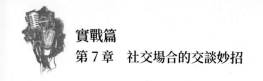

會得到「乖孩子」的稱讚。但若對方是美國人，結果可能就不太美妙了，也許她會問：「難道我很老了嗎？」

每個人在社交中，都希望社會地位、人格、才能等方面受到他人的尊重。這種渴求尊重的心理，又常集中表現在對稱呼的重視上。因此，日常社交活動中，領導者有必要得體地使用謙稱。自謙而敬人，禮在其中。

謙稱是抑己，以間接表示對他人的尊重。

* **謙稱自己**：最常使用的是「我」、「我們」。目前尚流行一些古人的謙稱詞，如「鄙人」、「在下」、「愚」、「晚生」等。
* **謙稱自己的家屬**：在稱呼比自己輩分高的人或歲數大的人時，常冠以「家」字，如「家父」、「家母」；同輩則冠以「愚」字，如「愚兄」、「愚弟」；謙稱自己年齡小，輩分低的家人、親屬時，宜冠以「舍」字，如「舍侄」；在謙稱自己的子女及配偶時，則可以「小」字稱，如「小女」、「小婿」等。
* **從兒輩稱謂**：以子女或孫輩角度出發稱呼聽話人，如稱聽話人「XX叔叔」、「XX阿姨」、「XX老師」。這樣一方面是表示說話者的謙恭，另一方面在很難使用別的稱謂時表示謙稱。

做好介紹與自我介紹

自我介紹在說話中應屬最單純、最易掌握的一種，但仔細觀察，卻發現很少有領導者在人際交往中能夠中肯、得體、完善的表達。究竟怎麼樣才能使自我介紹具有效率呢？以下這個例子會給你啟發。

某公司主管參加一次訂貨會，因為都是生面孔，所以主持人要求大家先自我介紹。一般正常且有效率的自我介紹時間是 2 分鐘。這位主管發

現，能真正在 2 分鐘內結束的只占 1／4，其他有的長達 6 分鐘，有的短到 10 幾秒，雖然時間花的有長有短，但都不無效率。

這位主管仔細分析，發現不管時間花得長短，他們都沒有將自己充分地介紹出來。時間花得短的人往往只介紹了自己的身分和名字，而時間花得長的人則是繞了許多圈子，根本無法讓人了解他究竟想表達什麼。說話的時間比沒有說話的時間還少，幾乎都浪費在「啊！我是嗯……啊……」這些所謂的連接詞上。更嚴重的是在 2 分鐘內不發一言，然後又不得要領地說了 1 分鐘，真是讓人啼笑皆非。說話的人固然不輕鬆，聽的人也活受罪，而時間的浪費更是划不來。

這位主管在總結別人經驗的基礎上，用簡潔、扼要的語言，不僅在 2 分鐘內做了一次令人難忘的自我介紹，而且巧妙地將公司的主要業務和這次參加訂貨會的目的表達出來。

那麼他成功的訣竅是什麼呢？這位主管說：「如果要使自我介紹中肯而有效率，千萬不可隨便、更不應該浪費別人的時間。應該自己先打好腹稿，分析一下內容的重點和所需花費的時間。如果你能養成這個習慣，便可以成為一個善於說話的人了。如果每個人都善於說話，那麼說話的效率則是 100％了。」

為他人做介紹時，要準確介紹雙方各自的身分、地位等基本情況。介紹時，要遵照受尊敬的一方有了解對方的優先權原則，介紹時，先恭敬地稱呼身分高者、年長者、主人、女士和先入場者。然後，把對方介紹給有身分者、年長者等；再把有身分者、年長者介紹給另一方。

為他人做介紹時，手勢動作應文雅。無論介紹哪一方，都應手心朝上，手背朝下，四指併攏，拇指張開，指向被介紹的一方，並向另一方點頭微笑，順序介紹。必要時，可以說明被介紹的一方與自己的關係，以便

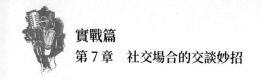

新的朋友之間相互了解和信任。

　　被介紹的對方，都應當表現出結識對方的熱情。雙方都要正面對著對方，介紹時，除女士和長者外，一般都應該站起來。但是若在會談進行中，或在宴會等場合，就不必起身，只略微欠身致意就可以了。

　　常見的介紹規則是：

- ◆ 將男士介紹給女士。通常先把男士介紹給女士，並引導男士到女士面前做介紹。介紹中，女士的名字應該先被提到，如「王小姐，我幫您介紹一下，這位是李經理。」
- ◆ 將年輕者介紹給年老者。
- ◆ 將地位低者介紹給地位高者。
- ◆ 將未婚者介紹給已婚者。2 個婦女之間，通常先將未婚的一方介紹給已婚的一方。如果未婚的女子明顯年長，則先將已婚的一方介紹給未婚的一方。
- ◆ 將客人介紹給主人。
- ◆ 將後到者介紹給先到者。

　　此外，如果被介紹的一方是個人、另一方是集體時，應該根據具體情況採取不同的方法。

　　一種是將個人介紹給大家，這種方法主要適用於重大的活動中，對身分高者、年長者和特邀嘉賓的介紹。介紹後，可讓所有來賓自己去結識這位被介紹者。

　　另一種是把大家介紹給個人，這種方法適用於非正式的社交活動中，使那些想更認識尊敬人物的年輕者或身分較低者滿足自己的需要，由他人將自己引見給那些身分高者、年長者。這種方法也適用於正式的社交場合，比如，領導者對工作模範和有突出貢獻的人進行接見時，其介紹的基

本順序有 2 種：一種是按照座次或隊次順序介紹，再一種是以身分的高低順序進行。

說好第一句話

在社交場合免不了要與一些新朋友打交道。初次見面的第一句話是留給對方的第一印象，第一句話說好說壞，關係重大。說好第一句話的關鍵是：親切、貼心、消除陌生感。常見的有以下 3 種方式。

▎攀親式

赤壁之戰中，魯肅見諸葛亮的第一句話是：「我，子瑜友也。」子瑜，就是諸葛亮的哥哥諸葛瑾，他是魯肅的同事摯友。短短一句話就定下了魯肅跟諸葛亮之間的交情。其實，任何 2 個人，只要彼此留意，就不難發現雙方有著這樣或那樣的「親」、「友」關係。例如：

「你是淡江大學畢業生，我曾在淡大進修過 2 年。說起來，我們還是校友呢！」

「您是體育界老前輩了，我老公可是個體育迷，您我真是『近親』啊！」

「您來自臺中，我出生在苗栗，兩地近在咫尺。今天得遇同鄉，令人欣慰！」

▎敬慕式

對初次見面者表示敬重、仰慕，這是熱情有禮的表現。用這種方式必須注意：要掌握分寸、恰到好處，不能胡亂吹捧，不說「久聞大名，如雷貫耳」一類的過頭話。表示敬慕的內容應因時因地而異。

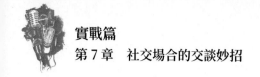
例如：

「您的大作我讀過多遍，獲益匪淺。想不到今天竟能在這裡一睹作者風采！」

「今天是教師節，在這節日裡，我能見到像您這樣頗有名望的教師，不勝榮幸！」

「桂林山水甲天下，我很高興能在這裡見到您 —— 尊敬的山水畫家！」

▌問候式

「您好」是向對方問候致意的常用語。如能因對象、時間的不同，而使用不同的問候語，效果更好。對德高望重的長者，宜說「您老人家好」，以示敬意；對年齡跟自己相仿者，稱「老 X（姓），您好」，顯得親切；對方是醫生、教師，說「李醫師，您好」、「王老師，您好」，有尊重意味。節日期間，說「節日好」、「新年好」，給人祝賀節日之感。早上說：「您早」，則比「您好」更得體。

說好第一句話，僅僅是良好的開始。要談得有味，談得投機，談得和氣融融，還有 2 點要注意。

首先，雙方必須確立共同感興趣的話題。有人以為，素昧平生，初次見面，何來共同感興趣的話題？其實不然。生活在同一時代、同一國土，只要善於尋找，何愁沒有共同語言？一位小學教師和一名泥水匠，似乎兩者會話不投機。但是，如果這個泥水匠是一位小學生的家長，那麼，2 位可就如何教育孩子各抒己見，交流看法。如果這個小學教師正在蓋房或修房，那麼，可就如何買建築材料、選擇修造方案溝通資訊，切磋探討。只要雙方留意、試探，就不難發現彼此有對某個問題的相同觀點、某一方面

共同的興趣愛好、某一類大家共同關心的事情。有些人在初識者面前感到拘謹，其實是沒有發掘共同感興趣的話題而已。

再者，注意了解對方的現狀。要使對方對你產生好感，留下不可磨滅的深刻印象，還必須透過察言觀色，了解對方近期內最關心的問題，掌握其心理。例如，知道對方的子女今年考大學落榜，因而舉家不歡，你就應勸慰、開導對方，說說「榜上無名，腳下有路」的道理，舉些自學成才的實例。如果對方子女決定明年再考，而你又有自學的經驗，則可現身說法，談談考試複習需注意的地方，還可表示能提供一些較有價值的參考書。在這種場合，切忌大談榜上有名的光榮。即使你的子女已考進名牌大學，也不宜宣揚，不能津津樂道，喜形於色，以免對方感到臉上無光。

講話應當看場合

人類語言交流的實踐證明：在同一個社會環境中，表達同一思想內容；不同場合則要求採取與各自相應的語言形式，否則就達不到說話的目的。一個成功的領導者，在日常交際裡，說話應當看場合，即所謂「到什麼山上唱什麼歌」。

說話的場合，常見以下幾種區分。

◆ **自己人場合與外人場合**：華人文化傳統一向是重視內外有別的。對自己人「關起門來談話」，可以無話不談，甚至可以說些放肆的話，什麼事都好辦；而對外人，總懷有戒心，「逢人只說三分話，不可全拋一片心」，做事嘛！一般是公事公辦。因此，遵循內外有別的界限談話，社會上認為是得體的。領導者說話違反這一界限，便會被人認為是不得體。

◆ **2. 正式場合與非正式場合**：主管在正式場合說話應當嚴肅認真，事先有所準備，不能亂說一通。非正式場合下，便可隨便一些，像話家常一樣，便於感情交流，談深談透。有些人說話文縐縐，有些人說話俗不可耐，就是沒有掌握正式場合與非正式場合的界限。

◆ **莊重場合與隨便場合**：「我特地來看你」，顯得很莊重；「我順便來看你」，有點隨便，可以減輕對方心理負擔。

　　可是，在莊重場合說「我順便來看你」，就顯得不夠認真、嚴肅，會讓聽話者心理蒙上陰影。而在日常生活中，明明是「順便來看你」，卻偏偏說成「特地來看你」，則有些小題大做，會讓對方感到緊張。

◆ **喜慶場合與悲痛場合**：一般來說，說話應與場合中的氣氛相協調一致。在別人辦喜事時，千萬不要說悲傷的話；在人家悲痛時，你逗這個小孩玩，逗那個小孩玩，說些有趣的話，甚至哼唱歌曲，別人就會說你這個人太不識相了。

◆ **適宜多說的場合與適宜少說的場合**：雙方很忙，時間很緊，跟人說話就得簡明扼要。如果談笑風生、海闊天空，雖然主觀期望是好的，但不符合客觀條件的要求，效果不會好。

酒桌上如何說話

　　談起喝酒，幾乎所有人都有切身體會，因為「酒文化」是既古老而又新鮮的話題。「酒精考驗」的領導者，已經越來越發現酒的作用。

　　的確，酒作為一種交際媒介，迎賓送客，朋友聚會，彼此溝通，傳遞友情，發揮了獨到的作用，所以，領導者完全有必要探索一下酒桌上的「奧妙」。

- **眾歡同樂，切忌私語**：多數酒宴賓客都較多，所以應盡量多談論一些大部分人能參與的話題，得到多數人的認同。因為個人的興趣愛好、知識不同，所以話題盡量不要太偏，避免唯我獨尊、天南地北，出現離題現象，忽略了眾人。

  特別是盡量不要與人貼耳小聲私語，給別人一種神祕感，往往會產生「就你們比較好」的嫉妒心理，影響喝酒的效果。

- **瞄準賓主，掌握大局**：大多數酒宴都有一個主題，也就是喝酒的目的。赴宴時首先應環視一下各位的神態表情，分清主次，不要單純為了喝酒而喝酒，從而失去交友的好機會，更不要讓某些譁眾取寵的酒徒攪亂東道主的意思。

- **語言得當，詼諧幽默**：酒桌上可以顯示出一個人的才華、學識、修養和交際風度，有時，一句詼諧幽默的語言會給別人留下很深的印象，使人無形中對你產生好感。所以應該要知道，什麼時候該說什麼話、語言得當、詼諧幽默很關鍵。

- **勸酒適度，切莫強求**：在酒桌上往往會遇到勸酒的現象，有人總喜歡把酒場當戰場，想方設法勸別人多喝幾杯，認為不喝到量就是不實在。

  「以酒論英雄」，對酒量大的人還可以，對那些酒量小的人可就困難了，有時過度勸酒，會將原有的朋友感情完全破壞。

- **敬酒有序，主次分明**：敬酒也是一門學問。一般情況下，敬酒應以年齡大小、職位高低、賓主身分為序，敬酒前一定要充分考慮好敬酒的順序，分明主次。即使與不熟悉的人在一起喝酒，也要先打聽一下對方身分，或是留意別人如何稱呼，這一點心中要有數，避免出現尷尬或傷感情。

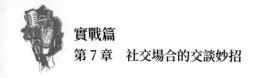

敬酒時一定要掌握好敬酒的順序。有求於席上的某位客人，對他自然要倍加恭敬，但是要注意：如果在場有更高身分或年長的人，則不應只對能幫你忙的人畢恭畢敬，也要先給尊者敬酒，不然會讓大家都很難為情。

◆ **察言觀色，了解人心**：想在酒桌上得到大家的讚賞，就必須學會察言觀色。因為與人交際就要了解人的內心，左右逢源，才能演好酒桌上的角色。

◆ **鋒芒漸射，穩坐泰山**：酒席宴上要看清場合，正確估價自己的實力，不要太衝動，盡量保留酒力和說話的分寸，既不讓別人小看自己，又不要過分地表露自身，選擇適當的機會，逐漸放射自己的鋒芒，才能穩坐泰山，不致給別人產生「就這點能力」的想法，使大家不敢低估你的實力。

精心選擇話題

交際場合，選取適當的話題，能讓交談在融洽中順利進行。而不恰當的話題，則易造成尷尬的局面。領導者在交際場合對話題的選取，應借鑑以下幾點。

▌話題就在你身邊

假如你在碼頭上碰見一個熟人，大家一起上船，一時沒有話說，這時最方便的辦法，就從當前的事物，那就是雙方都同時看到、聽到或感到的事物中，找出幾件來聊。在碼頭上，在船上，耳目所及，正有千百事物，如果你稍微留意，不難找出對方可能產生興趣的話題。也許是碼頭上的巨幅廣告，也許是同船的外國遊客，也許是海上駛過的豪華遊艇，也許是天

空飛過的新型客機……甚至於在對方的身上，都可以找到談話的題材。如果他打的領帶很漂亮，你可以問他在什麼地方買的；如果他身上穿著名牌襯衫，你可以問他這種襯衫究竟好不好穿，和廣告上的宣傳是否相符；如果他手上拿著一份晚報，看到晚報上的頭條新聞，你可以問他對當前時局的看法。

如果你到一個朋友家裡，在客廳看到他孩子的照片，你就可以和他談談他的孩子；如果他買了一架新的鋼琴，你就可以和他談談鋼琴；如果你的窗臺上擺著一個盆景，你就可以跟他談談盆景；如果他正在牙痛，你就可以跟他談談牙齒和牙醫。關心對方的健康，往往是親切交談的話題。

凡是這一類眼前的事物，最容易引起人們的注意，只要其中有一樣碰巧對方很有興趣，那麼話題就可以得到發展。

▍利用自由聯想

當我們的交談中斷的時候，我們怎麼尋找新的話題呢？

在這種時候，不要心急，也不要勉強去找，否則會引起不必要的緊張，反而什麼也想不出來了。要知道只要我們醒著，我們的腦子它總是在活動著的。你沒有要它想，它還是不停地想，由東想到西，或由天想到地，這種作用，我們稱為「自由聯想」。

譬如說，當我們看到書桌上擺著一盞燈，我們的腦子就會從「電燈」出發，很快地聯想到許多別的東西。

也許我們從「電燈」聯想到「發明」，從「發明」聯想到「電影」，然後「演員」……然後是「歷史」。

這一切，都是在瞬間發生的，也許只是半分鐘內的事。

如果我們繼續探究就可以發現，因為我們看見一個電燈，就聯想到它是愛迪生發明的，又由愛迪生想到我們看過的影片《愛迪生傳》，又由

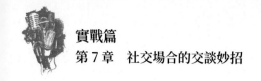
《愛迪生傳》想到科學影片，又由影片想到電影明星等，在剎那之間，我們已經有了不少交談的題材，供我們選擇。

當然，話題有時激不起對方的興趣，但是只要我們不心急，不緊張，讓我們的頭腦在靜默中去自由地聯想，一會兒，我們就可能想到別的話題。

▎圍繞著一個中心

倘若你要更進一步，不想東談一點、西談一些，從一個題材跳到另一個題材，只想就一個題材，把它談得詳盡、深入、充分一點，那麼還有一個好辦法，可以幫助你的思考。

這時，你如果已經有個題材引起對方的興趣，那麼，你就以這個題材當中心，讓你的思想圍繞著這個中心，盡量去想與這個題材相關的事物，然後再把這些相關的東西分門別類，整理出鮮明的系統。

例如，你剛剛參觀過「自然藝術影展」，有了啟發性的聯想，已經找到一個使對方感興趣的題材 —— 植物。如果你想在這個題材上多停留一會兒，你就把「植物」當中心，盡量去想與它相關的事物。

在這樣做的時候，你的頭腦也要保持輕鬆活躍的狀態，那麼，你就會自然地想出許多與植物相關的事物，例如熱帶植物、盆景、秋天植物如菊花。

如果你的中心題材是「樹」，你就可以想到風景樹、花果樹、著名的老樹、大樹、與樹相關的成語，以及樹的各部分用途……。

如果你的中心題材是「交通」，那你就可以想到陸上交通、水上交通、空中交通以及交通工具，噴氣機、火箭、太空船……。

培養這種思考的習慣，那無論任何題材，都能把它分解又分解，分解

出無窮無盡的細節，而每個細節都可以用來發展你的話題，豐富交談的內容。

倘若把你所想到的一切結合你個人的生活經驗，那麼，你交談的內容就更真切生動了。每一個人的生活裡都有許多可以打動別人的事情，倘若其中有些事情正和大家談的題材相關，把它拿出來作為談資，這時，交談的內容就因為加入個人親身經歷的材料，而更讓人覺得有興趣。

▋ 靈活地轉換話題

在交談中，靈活地轉換話題也是一件很重要的事情。即使一個最好的話題也會有興趣低落的時候，善於交談的人就懂得在適宜的時機轉換話題，不使別人生厭。

轉換話題有 3 種很自然的方法：

◆ **讓舊的話題自行消失**：當你覺得這個話題已經沒有什麼新的發展時，你就停止在這方面表示意見，讓大家保持片刻的沉默，然後開始另一個話題。

◆ **把舊的話題打斷**：也可以在談話進行中很隨便、不經意地插入別的話題，但不要使人覺得太突然，也不要在別人還有話要講的時候打斷它。

◆ **從舊的話題往前引申，轉換到新話題上**：例如，大家正在談一部上映的好電影，等到談得差不多時，你就說：「這部電影賣得不錯，聽說有一部新片就要開映。」新片又吸引大家的注意力，這幾句話就把話題轉變了，可是大家的思想與情緒卻還是連貫著的，所以，這是一個比較靈活妥善的辦法。

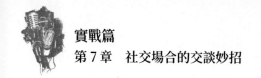

　　有時，交談本身到了應該結束的時候，即使最有趣味的談話，有時也會因為客觀條件的影響，非要結束不可。這時候，你要及時結束你的談話，讓大家高高興興地爽快分手，不要等待對方再三地看錶，不要忽略對方有結束交談的暗示。否則，無論你交談的內容有多麼精彩，對方的心裡只有厭煩與焦急，不如讓交談在興會淋漓的時候停止。

如何累積交談的題材

　　無論你多麼善於及時發掘適合交談的題材，你也需要對談話的題材有相當的積累，否則，巧婦是難為無米之炊的。

　　身為一個有文化、有教養的現代人，至少每天應閱讀一份報紙，每月應該閱讀 2、3 種雜誌。從廣播裡，你也可以吸收一些有用、有趣的知識。你還可以去聽演講，去參觀展覽會、看電影、聽音樂會，參加當地社區的各種活動，對於當前許多重要的事件，給予密切的注意與不斷的關心。

　　你是否經常注意這方面的素養？你有沒有抽出足夠的時間，仔細閱讀報刊和書籍呢？你有沒有記住別人精彩的言論呢？你有沒有對現實生活中的許多重要問題加以思考呢？

　　如果你不斷地豐富自己的知識，那麼久而久之，你就不至於在別人談興正濃的時候，卻發現自己對那方面無話可講。

　　不過，即使你真的無話可講，也不必因此感到自卑和不安，世界上沒有一個人是無所不知，無所不曉的，在這種時候，你不妨靜靜地坐著，仔細聽別人講，記住他們的話，比較他們談話的優劣。有什麼不明白的地方，設法提出適當的問題。

　　這樣，到第 2 次又遇見同樣話題的時候，你對這方面就不是一無所知了。

自我表露，拿捏分寸

人們最感興趣的就是談論自己的事情，對於那些與自己毫不相關的事物，多數人會覺得索然無味。對你來說是最有趣的事情，不僅常常很難引起別人的共鳴，甚至還會讓人覺得可笑。

年輕的母親會熱情地對人說：「我的寶寶會叫『媽媽』了！」她這時的心情是很激動的，可是，旁人聽了會和她一樣興奮嗎？誰家的孩子不會叫媽媽呢？你可不要為此而大驚小怪，這是很正常的事情，如果孩子不會叫媽媽才是怪事呢！所以，在你看來是充滿喜悅的事，別人不一定會有同感。

竭力忘記你自己，不要老是談你個人的事情，你的孩子，你的生活，以及你的其他事情。人人最喜歡談論的，都是自己最熟知的事情，那麼，在交際上你就可以明白別人的弱點，而盡量去啟發別人說他自己的事情，這是使對方高興的最好辦法。你以充滿同情和熱誠的心去聽他敘述，你一定會給對方留下最佳的印象。

不過在社交中，出於某種需要，必須適時地表露自己，包括個人才華、思想見解、處事態度、品格風度等，目的是讓對方更了解自己、信任自己。自我表露是在非他人強迫的情況下，無意識和有意識地吐露真情。一般來說，在自我表露時，下列幾種情況是禁忌。

- **表露過深**：古人云：「交談言深誤世人。」一般情況下，初次打交道的人，不宜談論過深，否則往往有讓人感到不成熟和別有用心之嫌。試想，如果初次見面就把自己的老底全盤托出，還能指望在今後的交往中保守祕密嗎？

- **表露過量**：表露是互相的，同時也要適度。如果對方向你坦白真情，

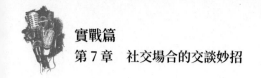

也應以誠待誠向對方傾吐真情。反之，自己若向對方談了一大堆事情，對方卻一言不發，守口如瓶，那麼對你來說這就是表露過量。

◆ **表露異常**：有的人在與別人交談時，由於一時興奮和衝動，忘乎所以，把自己的人生苦惱和看法一股腦兒都倒了出來。這種異常的行為，不僅會讓對方討厭和輕蔑，且容易造成對方的誤會。

◆ **表露時間、場合不宜**：心理學家研究表明，相逢時間較短的人容易表露自己，而長期相處的人往往互相隱藏內心祕密。一般來說，人在初次見面時需要自我表露，這有助於互相迅速了解、熟悉。需要相處好長一段時間的人不宜輕易表露自己，應透過長期交往建立信任和關聯，加深感情。

自我表露一定要注意場合，在大庭廣眾之下不宜表露過深，因為這樣會使自己失去吸引力和神祕感。當然，幾個朋友聚會，互相推心長談，如果一言不發，反而讓人感到奇怪。

◆ **表露對象忌無選擇**：自我表露的對象應該有所選擇。當自己向別人表露內心時，應找對自己體貼之人和休戚相關之人。

最後值得強調的是，自我表露是自己把經過挑選、加工的訊息告訴別人，所以，無論是表露者或接受者，均應注意，表露內容並不是絕對客觀和絕對正確的，應該加以認真分析和選擇。

領導語言非常重要，它關乎自己的形象和修養，一定要加以注意和糾正，做一個文明的領導人。

得意的事盡量別談

有些人總喜歡彰顯自己，認為自己的學識、興趣高人一籌，每遇親朋好友聚會，就迫不及待地大肆吹噓自己的心得、經驗，卻不知這樣常令一旁的好友不知所措。

舉個例子來說，一個嗜賭如命的人，看到不會賭錢的人，很可能會揶揄他一番：「你怎麼不會賭博，那人生還有什麼快樂可言？」這話傳到朋友的耳裡，肯定不會讓他感到愉快的。

所以，每逢開口說話，不管是什麼內容，都要注意不要讓別人產生自己被比下去的感覺。

有一次，一位先生約了幾個朋友來家裡吃飯，這些朋友彼此都是熟識的，他們聚攏主要是想藉著熱鬧的氣氛，讓一位目前正陷於低潮的朋友心情好一些。

這位朋友不久前因經營不善，關閉了公司，妻子也因不堪生活的壓力，正與他談離婚的事，內外交困，他實在痛苦極了。

來吃飯的朋友都知道這位朋友目前的遭遇，大家都避免去談與事業相關的事，可是其中一位朋友因之前賺了很多錢，酒一下肚，忍不住就開始談他的賺錢本領和花錢功夫，那種得意的神情，使在場的人看了都有點不舒服。那位失意的朋友低頭不語，臉色非常難看，一會兒去上廁所，一會兒去洗臉，後來他提早離開了。

人人都會經歷人生的低谷，人人都會遇到不如意的事。在失意的人面前炫耀自己的得意之處，無異於把針一根根地插在別人心上。既傷害了別人，對自己也沒有什麼好處。

因此提醒你，與人相處，切記不要在失意者面前談論你的得意。

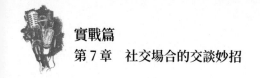
　　如果你正得意洋洋，要你不談論的確也不太容易，哪一個意氣風發的人不是如此？但是，談論你的得意時，要看場合和對象，你可以在演說的公開場合談，對你的員工談，享受他們投給你的欽慕眼光，就是不要對失意的人談，因為失意的人最脆弱，也最多心，你的談論在他聽來，都充滿了諷刺與嘲弄的味道，讓失意的人感受到你「看不起」他。當然，有些人不在乎，你說你的，他聽他的，但這麼豪放的人不多。因此你所談論的得意，對大部分失意的人而言，是一種傷害，這種滋味也只有嘗過的人才知道。

　　一般來說，失意的人較少攻擊性，鬱鬱寡歡是最普遍的心態，但別以為他們總是如此。聽你談論了你的得意後，他們普遍會有一種心理——懷恨。這是一種鑽進心底深處的不滿，你說得口沫橫飛，卻不知不覺已在失意者心中埋下一顆炸彈。

　　失意者對你的懷恨不會立刻顯現出來，因為他無力顯現，但他會透過各種方式來洩恨，例如說你壞話、扯你後腿、故意與你為敵，主要目的就是——看你能得意到何時。疏遠你、避免和你碰面，以免再聽到你的得意事，於是，你不知不覺就失去了朋友。

　　當你有了得意事，升了官、發了財或是一切順利，切忌在失意的人面前談論。

　　就算在座沒有真失意過的人，但也會有景況不如你的人，你的得意還是有可能讓他們反感，因為人總是有嫉妒心的，這一點你必須承認。

　　所以，得意時就少說話，而且態度要更加的謙遜。

社交中巧妙提問

　　領導者在社會交際中，要學會經常向別人提問。提問對於促進交流、獲取資訊、了解對方有重要的作用。一個善於提問的人，不僅能掌握會話的進程，控制會話的方向，同時還能開啟對方的心扉，撥動對方的心弦。

- ◆ **因時提問**：提問要看時機。亞里斯多德說過：「思想使人說出當時當地可能說的話和應說的話。」說話的時機，就是說話的環境。它包括 2 人所處的自然環境、社會環境、語言環境和心理環境。一般說來，當對方很忙時，不宜提與無關的問題；當對方傷心或失意時，不要提會引起對方傷感的問題；在業餘時間裡與醫生、律師等談話，也不要動輒請教有什麼病該怎麼治、或有什麼糾紛該如何處理，對於這類過於具體的問題，人們在大部分情況下，往往是不願涉及的。所以，提問要像屠格涅夫所說的那樣：「在開口之前，先把舌頭在嘴裡轉 10 個圈。」這樣你的提問才會得到滿意的回答。

- ◆ **因人提問**：人有男女老幼之分，有千差萬別的個性，有不同的工作崗位和生活環境，有不同的知識水準和社會閱歷等，所以，提問必須以對象的具體情況為準。對象不同，提問的內容和方式自然會有所區別。

- ◆ **誘導提問**：這種提問方式是巧妙地誘導對方說出自己的心裡話，同時，它也是一種「迂迴」對策。

- ◆ **一般提問**：據社會學家的分析，任何發展都適用於一般提問方式。這種提問方式可以提升對方回答的積極度，滿足對方渴求社會評價、嘉許與肯定的心理。一般提問方式如果能配以讚許的笑容，效果就會更好。

- ◆ **選擇提問**：提問要有所選擇，不要提出明知對方不能或不願回答的問題。一開始提問不要限定對方的回答，也不應隨意攪亂對方的想法。

- ◆ **適當提問**：提問一定要講究得體，便於對方回答。提問能否得到完滿的答覆，很大程度取決於怎麼問。適當的提問，能讓人明知其難也喜歡回答。當我們需要對方毫不含糊地做明確答覆時，適當提問是一種較理想的方式。

- ◆ **接續提問**：如果一次提問沒有達到問話目的，運用接續提問是較為有效的。例如，你可以繼續問「你是如何想辦法的」、「為什麼會這樣呢」，或以適當的沉默表示你正在等待他進一步回答，使對方在寬鬆的氣氛中更詳盡地講述你想知道的內容。

　　總之，好的提問是開啟對方話題的金鑰匙。提問要形象、貼切，不可生搬硬套，提問是主，說明問題為次，說明問題只是為提問服務。

社交中巧妙回答

　　有經驗的領導者在接到對方的提問後，能立即思考並選擇一個最佳的回答方案。回答對方提問時，頭腦要冷靜，不能被提問者所控制，對於提問能答即答，不願回答的可以想辦法迴避。

　　回答提問有以下幾種方法。

- ◆ **設定回答**：對方的提問有時可能會很模糊、荒誕甚至愚蠢，以至於我們很難回答。這時，我們可以分析清楚，用設定條件的方法進行回答。

- ◆ **扣題回答**：這是最常用的一種回答方式。答話如果沒有針對性，輕則給人留下很不好的印象，重則影響交往。所以，聽人說話時一定要集

中精力，回答一定要有針對性。

◆ **幽默回答**：在交際過程中，一些提問如果不好直接作答，但又不能避而不答，可以用幽默的語調回答，這樣能達到很好的效果。

◆ **誘導回答**：所謂誘導回答，就是設法誘使對方根據自己的思想進行回答。

◆ **轉換回答**：這種方法就是故意轉換自己不願觸及的話題，用另一個根本不同的內容來回答。一般來說，這種方法必須自然，要使轉換的話題與原來的話題有某種關聯，同時還要及時。轉換話題要抓住時機，找好藉口，在對方的話題還沒有充分展開之前，就以新的話題取而代之。

◆ **委婉回答**：交際中會有一些使人不便直說的事情，因此，對某些問題可委婉回答，以求回答婉轉而又不失禮貌。

◆ **含糊回答**：回答提問要求簡明、精確，但在實際應用中也有另一種情況，就是不便於把話說得太明確，這時就需要具有彈性的含糊回答。

◆ **借題回答**：巧妙地利用對方的問話，在回答提問時能收到良好的效果。如果仿照和借用問話中的語氣和語句，用一種出人意料的應答方法來回答，則是應付問話較為理想的辦法。

◆ **顛倒回答**：回答提問時，如果將對方的語序顛倒一下，就可能成為一個與原來問句意義截然不同的句式，如果用得好，會十分有效。

交際中，提問要巧，回答要妙。機智的回答是高層次語言藝術境界，能使你在社會交往中左右逢源。

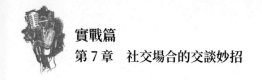

官腔套話，少說為妙

有些主管喜歡客套，說話囉哩囉嗦。如「本來不想講，但董事長偏要我講，講不好，請別見怪。」有些主管則和尚念經，客套話迭出：「在……領導下，在……號召下，在……幫助下，在……關懷下，企業正闊步前進。」這些話語沒有文采，沒有情感，冷冰冰，聽來讓人全身痙攣，如坐針氈。還有些主管由於習慣，或由於緊張，總是「這個、這個；那個、那個；嗯、啊、吧。」這類贅詞聽起來叫人心煩意亂。

脫口秀最忌官腔、套話，忌那些磨光稜角的、大家不愛聽的老話、舊話，還要忌大話、假話。因為，主管的話要恰如其分，準確無誤；要通俗，不要官腔；要簡練，不要講抽象話。

官腔、套話是脫口秀的大忌，它們扼殺了人與人交流的真誠。如果說官腔、套話在某些工作場合仍是必要的話，主管們至少要做到：絕不將它們帶到生活中去。

平常對朋友說的話變得坦率一點，你一定可以享受到友誼之樂。對平時你從來不會表示客氣的人們說話時，應稍微客氣一點，如家中的保姆、你的孩子、商店的店員、公車司機等，你一定會分享到他們的快樂。

在一個朋友家中做客時，說過分客套的話，最容易讓主人感到窘迫；而當你是主人的時候，那又是最好、最高明的逐客方法。不過，官腔套話唯一的妙處用於：如果你怕某人到你家裡打擾你，那就拚命跟他說客氣話好了。臨走勿忘請他有空再來，想必他是不會想要再來的。

避免和他人爭論

　　這並不是主張絕對不要和別人爭論，有的時候、有些場合，一個人應該為自己確信的真理和主張去和反對者爭論，辨別是非。這種爭論，有時還會發展到很激烈的程度。但是，在一般交談的場合，領導者要極力避免和別人爭論，因為交談的主要目的是促進彼此的了解，增進雙方的友誼，是一種社交性的活動，而一旦爭論起來，就很容易傷感情，就會和原來的目的背道而馳了。

　　不過這也並不是說，在一般談話的場合就完全放棄自己的看法，別人說黑，你也跟著說黑；別人說白，你也跟著說白，因為這樣雖然可以避免爭論，但你已經變成一個沒有主張和見解的應聲蟲，或者被人看成不誠懇、不老實的滑頭，這也會妨礙你和別人的正常交往。

　　若要做到既不必隨聲附和別人的意見，又避免和別人爭論，究竟有沒有兩全的辦法呢？答案是：「有的」。

▌盡量了解別人的觀點

　　在許多場合，爭論的發生多半是由於大家只看重自己這方的理由，而對別人的觀點沒有好好研究、了解。如果我們能夠從對方的立場去看事情，嘗試了解對方的觀點，知曉為什麼他會這樣說、這樣想，一方面使我們自己看事物的時候會比較全面；另一方面也可以了解到對方的觀點和他的理由。即使你仍然不同意他的看法，但也不至於完全抹殺，那麼自己的態度就會變得比較客觀，主張也會變得公允些，發生爭論的可能性就比較少了。

　　同時，如果你能掌握對方的觀點，並用它來說明你的意見，那麼，對方就容易接受，而你對其觀點的批評也會中肯得多。而且，他一旦知道你

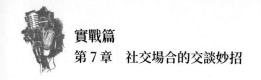

肯細心去體會他的真意，他對你的印象就會比較好，也會嘗試了解你的看法。

先肯定對方的言論

對於對方的言論，你所同意的部分，盡量先加以肯定，並且向對方明確地表示出來。

一般人常犯的錯誤就是過分強調雙方觀點的差異，而忽視可以相通之處。所以我們常常看到雙方為一個枝節上的小差別爭論得非常激烈，好像彼此的主張沒有絲毫相同之處，這實在是一件不智之舉，不但浪費不必要的精力與時間，且使雙方的觀點更難溝通，更難得到一致或相近的結論。

解決的辦法是，先強調雙方觀點相同或近似的地方，在此基礎上，再進一步去求同存異。我們的目的是在交談中使雙方的觀點更接近，雙方的了解更深入。

即使你所同意的僅是對方言論中的一部分或一小部分，但只要你肯坦誠地指出，也會因此營造出比較融洽的氣氛，而這種氣氛，是能幫助交談發展，增進雙方了解的。

雙方發生意見分歧時，你要盡量保持冷靜

通常，爭論多半是雙方共同引起的，你一言我一語，互相刺激，互相影響，結果火氣越來越大，情感激動，頭腦也不清醒了。如果有一方能夠始終保持清醒的頭腦和平靜的情緒，那麼，就不至於爭吵起來。

但也有的時候，你會遇見一些非常喜歡跟別人爭論的人，尤其是他們橫蠻的態度和無理的言詞，常常使脾氣很好的人都會失去忍耐。在這種時候，你仍然能夠不慌不忙，不急不躁，不氣不惱的，將會使你能夠跟那些最不容易合作的人友好相處。

▋ 永遠準備承認自己的錯誤

堅持錯誤是容易引起爭論的原因之一，只要有一方在發現自己的錯誤時，能夠立即加以承認，那麼，任何爭論都容易得到解決，而大家在一起互相討論，也將是一件非常令人愉快的事情。因此在我們與他人談話時，不能對別人要求太高，不妨以身作則，發現自己有錯誤，就立刻爽快地加以承認。這種行為，這種風度，不但能給別人好印象，而且還能把談話與討論向前跨進一大步，使雙方在愉快的心情之中交換意見與研究問題。

▋ 不要直接指出別人的錯誤

老一輩的人常常規勸我們不要指出別人的錯誤，說這麼做會得罪人，然而，如果在討論問題的時候，不去把別的錯誤指出來，豈不是使交談變成一種虛偽做作的行為了嗎？那麼，意見的討論，思想的交流，豈不都成為沒有必要的行為了？

然而，指出別人的錯誤的確是一件困難的事，不但會打擊他的自尊和自信，還會妨礙交談的進行，影響雙方的友情。

那麼，究竟有沒有兩全之道呢？

你可以嘗試以下的方法：

首先，你不必直接指出對方的錯誤，但卻要設法使對方發現自己的錯誤。

在日常生活中，大家交談的時候，並不是每個人都能始終保持清醒的頭腦和平靜的情緒，許多人都有感情用事的毛病。即使那些很願意跟別人心平氣和討論問題的人，有時也不免受自己的情緒支配，在思考與推論中，摻進一些不合理的成分。如果你把這些成分直截了當地指出來，往往使對方的思想一時轉不過來，或情緒上受到影響，感到懊惱異常。如果

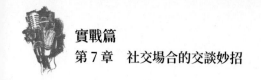
引起他的惡意反攻，或使他盡力維護他的弱點，這都對交談的進行十分不利。

但如果在發現對方推論錯誤的時候，你把交談的速度放慢，用一種商討的溫和語調陳述你自己的看法，使他能夠發現你的推論更有道理，在這種情形下，他也就比較容易改變看法。

很多人都有這種體驗：一個人免不了會看錯事情，想錯事情，假使他們能夠自己發覺錯誤所在，就會自動地加以糾正。但是，如果被人不客氣地當眾指出來，他們就會盡力去掩飾、去否認，盡力去爭執。因此，為了避免讓他們情緒激動，我們就不要直接批評他的錯誤，不必逼他當著眾人的面說：「我錯了」，或「我全都錯了」。

▎別拘泥於一朝一夕

我們不要過於心急地希望別人接受我們的意見，反而更要爭取和別人長期互相交談的機會，讓我們從心平氣和的討論中，逐漸釐清正確的真理，使之傳播到朋友們的心中、腦中。

光說不行，還要善聽

有的主管在交談時，光說與自己有關的話題，他們不但不能好好地聽別人講話，還總是打斷別人的話。

與這種類型相反，有的主管會認真傾聽別人說話，經常用「噢，是那樣啊？」、「那可是個有趣的話題」來附和，並適時提出一些相關的問題。和這樣的領導者交談，人們自然會熱情高漲，會有一種愉悅的心情。

周恩來在聽別人講話時態度極其認真，不論對方職位高低、年齡大小，都同樣對待。對此，美國一位外交官曾評價道：「凡是會見過他的人

幾乎都不會忘記他。他身上散發出一種吸引人的力量，長得英俊固然是一部分原因，但是，使人獲得第一印象的是他的眼睛……，你會感到他全神貫注於你，他會記住你和你說的話。這是一種使人一見之下，頓感親切的罕有天賦。」

一個善聽的領導者不但受人歡迎，而且會逐漸增長許多知識；而一個喋喋不休者，則像一艘漏水的船，每一個乘客都希望趕快逃離它。

做一個善聽者，是談話藝術中一項重要的條件。因為能靜坐聆聽別人意見的，必定是一個富於思想和具有謙虛、溫和性格的人。這種領導者是受人尊敬的。因為他虛心，所以被任何人所接受；因為他善於為他人利益著想，所以被眾人所敬仰。那麼，怎麼做善聽的領導者呢？首先要真誠。別人和你談話的時候，你的眼睛要注視著他，無論與你說話的人地位比你高或低，眼睛注視對方是一件必要的事情，只有虛浮、缺乏勇氣或態度傲慢的人才不去正視別人。別人對你說話時，不要同時做一些絕無必要的工作，這是不恭敬的表示，而且，當他偶然問你問題時，你就不會因不留心他所說的話而無所適從。其次，傾聽別人談話時，偶爾插 1、2 句表示同感的話是很好的，適時加上一句問話也是非常重要的，因為這樣做正表示對他的話留心。但不能把發言的機會搶走，滔滔不絕地說自己關心的事情。除非對方的話已告一段落，沒有人開口了，你才可以自己把話題接下去，或到該你說話的時候方可這樣做。另外，無論他人說什麼話，最好不要隨便糾正他的錯誤，因為這樣極易引起對方的反感。如果要提出意見或批評，也要講究時機和態度，不要太莽撞，要講究方式、方法，否則，會將好事變成壞事。

每一位領導者都希望提高自己聽的本領，做一個好的傾聽者。若想當好的傾聽者，就要了解善於傾聽有哪些特徵，然後去學習。好的傾聽者有

哪些特徵呢？他們善於從講話者的話裡尋找感興趣的內容；他們把聽人講話當成增長知識或了解情況的機會，從不放過任何資訊；他們明白自己也有個人偏見，因此總是盡量避免主觀臆斷；他們避免讓對方的話影響自己的情緒，盡量保持冷靜與客觀的態度；他們重視講話者的獨到見解，而不是斤斤計較現實上的對與錯、可行與不可行；他們在交談之後願意花時間去回顧交談的全部內容，整理出自己的想法，以便為雙方下次交談做準備；他們在心裡把一段話的概要整理出來，把疑問提出來，同時也能洞察對方口頭上未表達的意思。把這些特徵用另一種方式來形容，就是：

- ◆ 他們保持開放、好奇的心靈。

- ◆ 他們隨時注意別人的新構想，並把聽到的和自己已知的知識結合。

- ◆ 他們有自知之明，因而聽別人講話時不會持主觀態度。

- ◆ 他們能深刻體會所聽到的事情。

- ◆ 他們總是試圖驗證自己的觀念、經驗和想法，也願意在必要時改變自己的價值觀、態度以及自己與對方的關係，這就是說，他們並不是「泥古不化」的人，而是善於堅持真理、修正錯誤的積極進取者。

說話細節，時時檢點

　　有的人認為「不拘小節」是一種瀟灑，一種領導的風格。實際上，我們於小節處更應檢點。緊要關頭，大家都會以最佳狀態小心應戰，而日常瑣碎細節，則是一個領導者的天性、本質、修養的不自覺流露。

　　與人交往時，只要你靜靜地觀察別人，你會發現，下面講到的幾點，就是交際中大部分人公認的惡劣態度。不知你自己是否注意到了這些細節？

就表情而言，應注意的態度主要有以下 6 種。

◆ 自鳴得意的態度、傲慢的態度、不屑的態度 —— 這會傷害對方的自尊心。

◆ 不穩定的態度 —— 說一些沒有自信心的話，而使聽你說話的人無法信任你。

◆ 卑屈的態度 —— 被視為傻瓜、無能，會讓人低估你的實際能力，以至於被人從骨子裡看不起，過度熱衷於取悅別人，很難給人好印象。

◆ 冷淡的態度 —— 使人感覺不親切，缺乏投入感。

◆ 不識時務的態度 —— 如在酒席上談論嚴肅的話題，如訴說悲哀的事情，臉上無任何表情，或只知談論個人興趣，從不理會別人的感覺和反應。

◆ 隨便的態度 —— 給人馬馬虎虎、消極的感覺，反應過激，語氣浮誇粗俗，滿口粗話。

以上所舉態度，應該隨時注意，應避免這些不良態度在與人交往中表現出來。

就動作而言，應注意的姿勢或動作，主要如下。

坐要有坐相，不要隨便左右晃動，如果是女士的話，兩腿併攏，站立時膝蓋要伸直，腰板要直，不要抖腿，不要撅臀部；不要抓頭搔耳，兩手應自然垂放在兩側，或是輕放在前面；不要玩弄或吮吸手指，盡量不要蹺腿；表情溫和，有親切的眼神和飽滿的精神。

有的人說話喜歡將手插在口袋，有時還坐在桌子上，這不是好的習慣，這是一種過於散漫、過於隨便的講話方式。在交談時，將手插在口袋裡，不僅很難令對方接受，而且容易讓人產生不良的印象。尤其是在多數

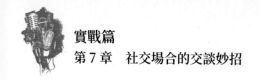

聽眾面前，這種姿態會使周圍的人覺得你只沉迷於自己的世界，且表現欲望非常強烈，讓人感覺到別人不可超越他。不管你有沒有這種傲慢的想法，但這種姿勢很容易讓人誤以為你就是這種人。

上面說到的，都是人際交往中需要注意的小細節，但我們並不是提倡處處都要小心謹慎，縮手縮腳。如果有人要鑽牛角尖，對付這種人最有效的方法便是保持沉默了。

交談禁忌，切勿觸犯

說話比寫文章難，寫文章可以仔細推敲，反覆修正，說話則不同，一言既出，駟馬難追。所以，身為領導者，與人說話應該特別留神。

說話時，有些話語與方式一旦出現，必將挫傷對方情緒，影響交談的進行。因此，領導者有必要了解一些言語的禁忌。

忌惡語傷人。心理學「欲求不滿攻擊理論」揭示，人的攻擊和侵略行為往往因自尊心受到極大傷害而造成。因此，絕不能隨意傷害他人自尊，要謹慎地選擇言語。

忌胡亂傳言。不要隨便傳言人家的短處，或揭發別人的隱私。這樣不僅有礙別人的聲望，且足以表示你為人的卑鄙。要明白，你所知道關於別人的事情，不一定可靠，也許另外還有許多隱私，非你所詳悉的。你若貿然拿你聽到的片面之言宣揚，就會顛倒是非，混亂黑白。

忌快言快語。交談是雙方或多方的事，如果你不管聽眾，不顧場合，只是一套一套地把自己想說的話講出來，不考慮對方的興趣，不觀察對方的反應，不及時解除對方的心理癥結，那你就不能算是一個好的談話者。

忌質問對方。用質問式的語氣來談話是最易傷感情的，許多夫妻不

睦、兄弟失和、同事交惡，都是由於一方喜歡以質問式的態度來與對方談話所致。這種人多半心胸狹窄、吹毛求疵、脾氣乖僻，以讓人受苦為樂，所以就在談話上，也把他的特質表現出來。

忌囉哩囉嗦。即興說話時，表達要明快生動，言來語去，精悍切題。如果囉哩囉嗦，重複顛倒，就會令人如坐針氈，難以忍受。

忌逞強好勝。許多日常事情，沒有幾件是值得我們拿友誼去爭辯取勝的。你愛與人爭辯，是否以為可以用理論壓倒對方？其實即使對方表面屈服了，心裡也會不平。這樣不但得不到一點好處，害處更多，既有損尊嚴，又斷了交流，還失掉朋友。

忌自吹自擂。自吹自擂的領導者自視甚高，輕視一切，不太理會別人的意見，只會自己吹牛。自吹自擂，其實是自己丟臉而已。因此，與其自誇，不如表示謙遜。應該明白，個人的事業行為，在旁人看來是清清楚楚的。

忌批評抽象。俗話說：話不要說得太絕，所謂「太絕」就是太抽象，太絕對。提意見時應盡量具體點，這樣對方才容易接受。話越抽象，越容易讓對方糊塗。他會一直想著你話中的含意，甚至不知如何回答。所以，如果有意要引起他生氣或不高興，抽象點容易奏效。

忌不看場合。在各種場合中，說話內容與環境氣氛如果不協調，不僅會讓大家掃興，還會影響你的人際關係。如在葬禮儀式中，說話不宜過多，不能使用幽默、風趣的對談，忌開玩笑，談話的內容應集中表現對故人的哀悼之情，並稱讚其優點；與參加喪禮的客人談話，避免強調自己與死者之間的特殊關係；不要忘記用簡短、真誠的話安慰、鼓勵亡者的家屬。在婚宴上，談話忌諱使用「斷」、「散」、「離」等字，即興致詞時，雖然可以態度較輕鬆活潑，但不能過分隨便，否則遭人嫌惡。新春聚

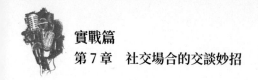
會上，不要以嚴肅或訓誡的口氣來談論對未來的計畫，應以自然的態度表達。參加長輩生日聚會時，少論及生死，以免使老人家心生傷感。

第 8 章　一招致勝的談判快招

談判是企業與各種有業務往來關係者之間相互溝通、交往、交易中頻繁進行的一種活動。一場商業談判的成敗，有時會關係到一家企業的存亡。因此，談判是所有企業都十分注重的課題。

左右一場談判的成敗，固然與企業本身的實力有關，但同時更與談判人員的談判能力 —— 特別是帶隊談判的主管 —— 其綜合口才能力有密切的關係。

談判中的脫口秀，並非宣揚快言快語。因為在談判桌上，冷靜的思考比什麼都重要。談判脫口秀講究的是：發現對方的破綻，立刻給予快、狠、準的出擊。

談判中最有用的一句話

曾經問及許多經常參加談判的成功企業家：在談判中最有用的一句話是什麼？大多數人的回答是：「不行」。雖然這個答案不能說完全錯誤，但也不是正確答案。正確的答案應該是：「如果……」。為什麼要這麼說呢？

在最具權威的工具書《牛津辭典》中，對「讓步」一詞的定義是：「給予、退讓或投降」之意。

談判中所說的讓步，與投降完全是風馬牛不相及的兩件事。要是只能投降，那就沒有談判的必要，對方只需拿起鞭子趕你走就行了。另一方面，要是你只知道單方面屢屢做出讓步，向對方投降，也根本不配被委以談判的重任。

談判的意義，至少有一部分在於，認真探求而不至於引起否決的結果，或不造成否決的可行方法。有些共同決定或解決問題的建議，對雙方都很有利；有些不是很有利，還有些可能雙方根本都不會考慮。

最後的結果取決於多種因素。付出大量的時間與精力後，也許還是會不歡而散，形成僵局。

如果把談判看作是投降（無論採取何種形式，其中也包括善意的單方面讓步），則其結果必然大大有利於對方，而不利於己方。拙劣的談判者不一定談不成交易，但談成的只會是上當的交易。

既然不允許投降，又該如何使談判進行呢？要知道固執己見，寸步不讓是談不成交易的。「不許投降」不等於「誓死不退」。

只有把談判看成是利益相互交換的過程，才會明白為什麼得不到回報就絕不可讓步的道理。身為談判者，己方每向對方邁進一步，都務必要讓對方也朝你前進一步。

在談判過程中，什麼都可以忘記，唯一不可忘記的是這條最重要的指導原則，在提出任何建議或做出任何讓步時，務必在前面加上「如果」2字。

「如果」你把價格減少 20%，我就可以簽訂單；

「如果」你承擔責任，我可以立刻把貨物放行；

「如果」你放棄現場檢驗，我可以如期交貨；

「如果」你答應付快遞費，預計今晚就能送到；

「如果」你馬上下訂單，我可以同意你的出價；

「如果」……。

用「如果……」這句話，就可以令對方相信你的提議誠實無欺。加上條件從句後，對方無法不相信你的提議絕不是在單方讓步。正如人們說的，這兩件事是捆在一起的。

要養成每次提議，前面都冠以「如果」從句的習慣，這會給對方傳遞如下訊息：

◆ 「如果」部分是你的要價。

◆ 隨後部分是他付出代價後所能得到的回報。

記住幾個關鍵的數字

　　日本前首相田中角榮具有超群的記憶力，他從來不用「大約不到……」之類的表達方法。比如說，他可以毫不遲疑地一口咬定是「987654」。令對方聽後對他十分佩服，同時也認為他值得信任。

　　準確記住過去事件的發生日期，有助於增加談判的說服力。舉個例子，一位優秀的記者對採訪對象不會講出「去年 8 月左右，您曾經見過某某廠長」之類的話，而是詳細地指出「2022 年 8 月 15 日下午 3 點～4 點，您在某某飯店見到某某廠長」。聽起來彷彿當時他人就在現場。如果用曖昧的語言進攻，對方有逃脫的餘地，說得精確無誤，會使對方有陷入重圍的感覺。

　　數字和專有名稱是在談判中說服對手最有效的武器。牢牢記住那些平常記不住的詳細數字和長長的專有名稱，做到脫口而出，能給對方留下做過詳細調查和有備而來的印象，造成立竿見影的效果。令對方感到你很內行後，再說服對方就容易多了。

　　當然談判不是畢業考試，無須把談判涉及的所有數字和固有名稱都背得滾瓜爛熟，在這邊花費過多的精力與時間也是一種浪費，但作為說服談判對手的武器，記住幾個關鍵的數字和名稱就行了。

　　相反，對方提供了詳細的數據，想要以此說服你時，該怎麼辦呢？當對方提出的數據對己方不利時，往往讓人感到啞口無言。此時，應在數據的出處上尋找突破口。「請問，這個數據是在哪裡查到的？」如果對方

沒有掌握到這個程度，一時語塞，其攻勢隨遭遏止。於是，你可以乘勝反擊：「不知道在哪裡查到也沒有關係，但我們卻因為這個數據而受到牽連。」

如果對方把數據的出處掌握得一清二楚，也還有洞可鑽。多種情況下，數據的統計日期較早，於是可以把問題轉到這個方向上來：「這是哪一年的數字？這個數字有點過時了。」、「和現在的情況不符呀！」

這種戰術有點打游擊的味道，但在現實的談判中卻是行之有效的。對方從細微處衝進來，你就要從更加細微的地方攻回去。

必須指出的是，準確地記住那些枯燥的數字和專有名詞，可以給對方留下「做過仔細調查」的印象。但是，如果把什麼都背得滾瓜爛熟，反而有可能讓對方覺得你太做作了，一定有漏洞可以攻擊。

挑動對方的情緒

據說諸葛亮早年在水鏡先生處讀書，經幾年用心傳授，水鏡先生決定舉行出師考試，考題別出心裁：從現在到午時 3 刻止，弟子中誰能得到老師允許走出水鏡莊，誰就可以出師了。

10 幾個弟子中有人突然從外面進來呼叫：「大水漲到水鏡莊了！」另有人驚惶失措喊道：「莊後失火！」水鏡先生一動不動，只管閉目養神。徐庶略有心計，寫了一封假信，對水鏡先生哭著說道：「今天早晨家裡有人送信來，說我母親病重，我情願不參加考試，請允許我立即回家探望。」水鏡先生微微一笑，說：「午時 3 刻以後請自便。」龐統的計謀更勝一籌。上前稟道：「要我得到老師允許從莊裡出去，我顯然無能為力。如果讓我站在莊外，設法得到老師允許走進莊來，我倒是有辦法。」水鏡

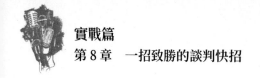

先生說道：「龐士元休得耍這些小聰明，給我站在一旁。」此時諸葛亮卻伏在書桌上睡熟，鼾聲大作。水鏡先生大皺眉頭，覺得不成體統，要是往日早就將他趕出去了。今天只好忍耐。

眼看午時3刻就要到了。諸葛亮打個呵欠，嘖有煩言。水鏡先生厲聲問道：「你在說些什麼？有話當面說來！」諸葛亮也忍不住粗聲粗氣地頂嘴道：「你不考四書五經，卻出這種古怪題目。窗友們煞費心機，全是徒勞無功，因為在任何情況下，午時3刻以前你不可能叫任何人出去。原來我們以為你學富五車，從今天這種考題看來，幼稚可笑。我不以當你弟子為榮，而以當你弟子為恥。你還我3年學費，今後我們視同陌路。我再找有真才實學者為師。」

水鏡先生是天下名士，誰不尊敬？想不到如今受到學生侮辱，氣得渾身打顫，連喚龐統、徐庶：「快將諸葛亮趕出去！」諸葛亮拗著不走，龐統、徐庶死拉硬拖，才將他架出莊去。一出水鏡莊，諸葛亮哈哈大笑，龐統、徐庶這才恍然大悟，也跟著笑得前仰後合。諸葛亮卻轉身匆忙跑進莊去，跪在水鏡先生面前道：「衝撞恩師，罪該萬死！」水鏡先生一愣，猛然省悟，轉怒為喜，扶起諸葛亮，說：「你可以出師了。」諸葛亮懇求道：「徐庶、龐統也是老師叫他們出去的，理應出師，請老師恩准。」水鏡先生勉強答應。

即使是水鏡先生這樣學富五車，計謀高深的名師，也難免存在人性的弱點。諸葛亮技高一籌，正是抓住水鏡先生的這一弱點，挑動對方情緒，使對方因激動而放棄了理智，從而達到控制、左右對方，為己所用的目的。

在談判中，一方面己方應努力戰勝自我，超越自我，不為對方所控制，始終以理性的姿態對待問題，處理問題；另一方面要能掌握對方的人

性弱點（虛榮心、反抗心、同情心、僥倖心等），採取控制對方情緒的措施，達到談判的目的。

例如，一方說：「貴方究竟誰是主談人？我要求與能決定問題的人談判。」此話有貶低眼前主談人的意思，使他（尤其是年輕資淺的談判者）急於表現自己的決定權或去爭取決定權。也有用棋盤上「將軍」的說法：「既然您已有決定權，為什麼不立刻回答我方合理的要求，反倒要回去向上級請示呢？」以此迫使對方正視自己的要求。此外，還有間接刺激對方主談人的作法，即透過主談的主要助手來刺激主談人。例如，主談人不吃直接的激將，但他的律師被說動了，同是該論題，該理由，但以律師的角度，一時無言以辯，只能接受。此時，主談人再一次被激時，就難以抵抗了。這種激將類似「將軍」，不吃也得吃，躲是躲不過去的。激將的作法常用「能力大小」、「權力高低」、「信譽好壞」等與自尊心直接相關的話。

不過，值得注意的是，在激將對方時，要善於運用話題，而不是態度。既要讓你所說的話切中對方心理和個性，又要切合所追求的談判目標。其次，激將語應掌握分寸，不應過分牽扯說話人本身，以防將激將提升到激怒，令對手遷怒於自己。

如何巧妙提問

談判中應該適當地進行提問，這是發現對方願意付出價格的一種重要手段。

談判，就是根據對方的需要以及他們所願付出的代價，進而透過談判解決問題。無論是對方個人的需要，還是他們所代表的團隊需要，都會對談判的成功造成至關重要的作用。

但這絕不是輕而易舉能得到的，必須運用各種技巧和方法，獲得多種資訊，才能真正了解對方在想些什麼，謀求些什麼。

提出問題，應該事先讓對方知道你想從這次談話中得到什麼。如果他明白了你的意圖，他可以有的放矢地回答，你也就可以掌握大量資訊。

談判提問切忌隨意性和威脅性，從措辭到語調，提問前都要仔細考慮。提問問得恰當，有利於駕馭談判進程，反之，將會損害自己的利益或使談判節外生枝。

一般來說，談判中的提問，具有以下功能。

◆ **引起對方的注意**：這種類型的提問，其功能在於，既能引起對方的注意，又不會使對方焦慮不安。

◆ **可獲得需要的資訊**：這種提問往往都會有一些典型的前導字詞，如：「誰」、「什麼」、「什麼時候」、「哪個地方」、「會不會」、「能不能」等。

在發出這種提問時，談判者應事先把自己如此提問的意圖示意對方，否則，很可能引起對方的焦慮。

◆ **借提問傳情達意**：如：「你真的有信心在這裡投資嗎？」有許多問話表面上看來似乎是為獲得自己期望的消息和答案，但事實上，卻同時把自己的感受或已知的訊息傳達給對方。

◆ **引起對方思緒的活動**：透過提問能使對方思緒隨著提問者的問話而活動。這種問話常用到的詞語有：「如何」、「為什麼」、「是不是」、「會不會」、「請說明」等。

◆ **做談判結論用**：藉由提問使話題歸於結論。如：「該是決定的時候了吧？」、「這的確是真的，對不對？」

提問的措辭要注意，提出某一個問題，可能會無意中觸動對方的敏感

之處，使對方反感。所以，提問要注意對方的忌諱。提問要問得巧，才是富有口才的象徵。

怎樣才能問得巧呢？首先是選擇恰當的提問形式。談判中的提問形式有如下幾種。

* **限制型提問**：這是一種目的性很強的提問方式，它能幫助提問者獲得較為理想的回答，減少被提問者說出提問者不願接受的回答。這種提問形式的特點是限制對方的回答範圍，有意識、有目的地讓對方在所限範圍內做出回答。

* **婉轉型提問**：這種提問是用婉轉的方法和語氣，在適宜的場所向對方發問。這種提問是在沒有摸清對方虛實的情況下，先虛設一問，投一顆「問路的石子」，避免因對方拒絕而出現難堪局面，也能探出對方的虛實，達到提問的目的。

  例如，談判一方想把自己的產品推銷出去，但他並不知道對方是否會接受，又不好直接問對方要不要，於是他試探地問：「這種產品的功能還不錯吧？你能評價一下嗎？」

* **啟示型提問**：這是一種聲東擊西、欲正故誤、先虛後實、借古喻今的提問方法，以啟發對方對某個問題的思考，並給出提問者想要得到的回答。

* **攻擊型提問**：這種問話的直接目的是擊敗對手，故而要求這種問題要幹練、明瞭，能夠擊中對方要害。

* **協商型提問**：如果你要對方同意你的觀點，應盡量用商量的口吻向對方提問，如：「你看這樣寫是否妥當？」這種提問，對方比較容易接受。而且，即使對方不能接受你的條件，談判的氣氛仍能保持融洽，雙方仍有合作的可能。

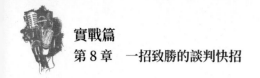
如何應答對方的提問

談判中不僅有提問，也有回答。能夠恰到好處地回答問題也不是一件容易的事。因為你不但要根據對方的提問來回答，還要把問題盡可能講清楚，使提問者得到明確的答覆。而且，你對自己回答的每一句話都負有責任，因為對方可以把你的回答理所當然地認為是一種承諾。這就帶給回答問題的人一定的精神負擔與壓力。因此，談判的水準高低有很大程度取決於答覆問題的水準。掌握談判的答覆技巧，應注意以下要領。

◆ **不要徹底回答所提問題**：答話者要將問話者問題的範圍縮小，或對回答的前提加以修飾和說明。

◆ **不要確切回答對方的提問**：回答問題，要給自己留有一定的餘地。在回答時，不要太早暴露你的實力。

通常可以先說明一件類似的情況，再拉回正題，或利用反問把重點轉移。

◆ **減少問話者追問的興致和機會**：問話者如果發現答話者的漏洞，往往會刨根問底地追問下去。所以，回答問題時要特別注意不讓對方抓住某一點繼續發問。

為了達到同樣效果，藉口問題無法回答也是一種回答問題的方法。

◆ **讓自己獲得充分的思考時間**：回答問題前必須謹慎，對問題要進行認真的思考，要做到這一點就需要充分的思考時間。

一般情況下，談判者對問題答覆得好壞與思考時間成正比。正因為如此，有些提問者會不斷地催問，迫使你在對問題沒有進行充分思考的情況下倉促作答。

遇到這種情況，身為答覆者更要沉穩，你不必顧忌對手的催促，而是轉告對方你需要時間進行認真思考。

◆ **有些問題不值得回答**：談判者有回答問題的義務，但這並不等於談判者必須回答對方所提的每一個問題，特別是對某些不值得回答的問題，可以禮貌地加以拒絕。

◆ **不輕易作答**：談判者回答問題，應該具有針對性，有的放矢，因此有必要了解問題的真實含義。

同時，有些談判者會提出一些模棱兩可或旁敲側擊的問題，意在以此摸清對方的底細。對這類問題更要清楚地了解對方的用意之後再作答，否則，輕易、隨意作答，會造成己方的被動。

◆ **找藉口拖延答覆**：有時可以用資料不全或需要請示等藉口來拖延答覆。

當然，拖延時間只是緩兵之計，它並不意味著可以拒絕回答對方提出的問題。因此，談判者仍要進一步思考如何回答問題。

◆ **有時可以將錯就錯**：當談判對手對你的答覆有錯誤的理解，而這種理解又有利於你時，你不必更正，而應將錯就錯，因勢利導。

談判中，由於雙方在表達與理解上的不一致，錯誤理解對方講話意思的情況經常發生。一般情況下，這會增加談判雙方訊息交流與溝通上的困難，因而有必要予以更正、解釋。但是，在特定情況下，這種錯誤理解能夠為談判中的某方帶來好處，就可以採取將錯就錯的策略。

總之，談判中的應答技巧不在於簡單地回答對方「對」或「錯」，而在於應該說什麼、不應該說什麼，和如何說，怎樣處理才得當，才能產生最佳效果。

如何巧妙拒絕對方

談判過程就是一個以協商為手段，以互利為目標，透過雙方互有拒絕，又互有承諾，而達成共識的活動過程。一個高明的談判者，不僅應勇於在不能允諾對方的時候說出一個「不」字，且應善於為了減少拒絕對方而造成對方心理與感情上的傷害，而說出這個「不」字。

下面介紹談判中幾種婉言拒絕的技巧。

▌局限抑制拒絕法

在談判中，假如對方提出的要求超過我方所能同意的程度，而運用其他曉之以理的方法仍無法擺脫對方的糾纏時，為了使對方意識到再耗下去也是白費力氣，不妨在對方面前擺出自己無法踰越的客觀上障礙，表示自己實在力不從心，愛莫能助，從而使對方在放棄糾纏時，對自己的拒絕予以諒解。

這裡的局限和障礙可從 2 方面去強調：1 是自身缺乏滿足對方要求的某些必要條件，如技術力量、權限、資金等；2 是社會的局限抑制，如法律、制度、紀律、慣例和形勢等。有時可單獨運用，有時也可以綜合運用。

▌引誘自我拒絕法

面對談判中對方提出某些我方認為不合理的過分要求、失實的指責，最好不要直言反駁，更不要拍案而起、反唇相譏，可以用這種引誘自否法：即先不馬上答覆，而是旁敲側擊地提出經過構思的問題，誘使對方在回答中不知不覺地否定了自己原來提出的要求或觀點。

█ 先承後轉拒絕法

人們的某些要求被對方拒絕時，或多或少都會因自尊心受損而感到不舒服。身為必須表示拒絕的一方，如果要把留在對方心靈上的拒絕陰影減少到最低，就應盡量避免以直接否定、全盤拒絕的語氣去表達，以防止對抗心理的產生。

我們應從人們所具備的期望中得到自尊、理解的心理需求出發，先從對方的意見中找出雙方均不反對的某些非實質內容，從某個適當的角度給予肯定與認可，擺出其中的共同點，表達對對方的理解與尊重；然後再對雙方看法不一致的內容進行平靜與客觀的闡述，以啟發和說服對方。

這樣一來，由於對方先被尊重、被理解的心理得到滿足，雙方距離拉近了，當遭到拒絕時，會感到我方較為通情達理，因而會大大削弱被拒絕的心理不協調。

█ 圍魏救趙拒絕法

即當對方提出我方所不能接受的要求或意見時，我方不受對方的牽制，不採取直接拒絕或反對的方式，而是針對前面的談判中，對方拒絕我方意見的某些要害問題，以攻為守，再次要求對方退讓，使對方反處於被要求的位置而忙於招架。這樣一來，如果對方堅持無法退讓，也就不得不主動放棄要求我方做出較大退讓的要求了。

█ 補償安慰拒絕法

在談判中，有時我方對某些目標成交寄予較大希望，志在必得，但在某些條款上對方要求又太高，我方無法接受，如果斬釘截鐵一口拒絕對方，會損害和諧，甚至會激怒對方而導致談判破裂，使我方的希望全部落空。

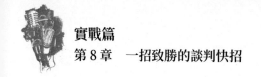

為避免這種情況出現，我們可以採用這種技巧，就是在答覆拒絕的同時，於心理需求和物質利益上，在我方所能承受的範圍內，給對方其他方面的適當補償，以緩解對方因失望而帶來的心理不平衡。

▌委婉暗示拒絕法

就是不直接用語言明確地拒絕對方，而是以各種比較含糊的方式或表情來向對方傳遞我方不能接受的訊息。

點到為止，不講廢話

商務談判通常是雙方為一定的利益而交鋒，所以雙方明確知道對方談判人員所表達的意思是十分重要的。在商務談判中說出的話要盡可能簡潔、通俗易懂，使對方聽後立即就能理解，但這只是就一般情況而言，具體來說，要做到這一點，還應注意掌握以下技巧。

- **不使用隱喻和專業度過高的語句及詞彙**：由於談判人員在講話時要讓對方聽得懂，所以應盡量使用通俗易懂的語句詞彙。使用隱含某種意義的隱喻，對方不易理解你的真實意圖，也可能理解錯誤，因而影響商務談判的正常進行；而在某一專業領域，使用專業度過高的語句和詞彙，對方談判人員若對此領域的知識較陌生，也無法準確地領會意思，因而也不利於雙方交流。

- **切忌炫耀賣弄**：談判人員講述觀點的目的在於促使對方接受你的意見，在於使對方相信你所談的內容準確無誤，所以，高明的談判人員總是使用樸實無華的語言向對方推銷自己的觀點，絕不會在談判桌上賣弄自己的學問及見識、水準。這麼做不但達不到壓倒對方的目的，反而讓對方反感，對你所發表的意見也就會不屑一顧了。

◆ **觀點要明確**：言簡意賅，就是用簡單的語言把意思明確地表達出來。也應避免只注意簡明扼要，而不注意明確觀點。

◆ **句式應盡量簡短**：談判人員應注意，在商務談判中，報盤，是最令對方關注的關鍵環節之一。關於報盤的每一個字，對方都會注意傾聽，加以分析。所以談判人員應注意用簡短的句式來進行報價，且越簡單越好，避免被對方抓住把柄。

◆ **言簡意賅**：這也是進行報價解釋時必須遵循的原則。

一般情況下，一方報價之後，另一方會要求對所報價格予以解釋。報價方在進行報價解釋時，也應注意遵守言簡意賅的原則，即：不問不答，有問必答，答其所問，簡短明確。

不問不答是指對方不主動提及的問題，自己不要主動回答，不能因怕對方不理解而做過多的解釋和說明，以免言多有失。

有問必答是指對對方提出的所有問題，都要一一回答，且要迅速、流暢。如果吞吞吐吐、欲言又止，極易引起對方的疑慮，因而提高警覺，窮追不捨。

答其所問是指僅就對方所提問題的最小範圍做解釋說明，不畫蛇添足的多做解答。實踐證明，在一方報盤之後，另一方通常會要求報盤方對其價格構成、報價根據、計算方式等做出詳細解釋，這就是通常所說的價格解釋。因此，報盤方在報盤前可以就這些問題的解釋進行準備，以備應用；如果對方不提要求，則不必作答。

簡短明確就是要求報盤方在進行價格解釋時，要做到簡明扼要，明確具體，只要能表明自己的態度和誠意，使對方無法從價格解釋中發現破綻就是合格。

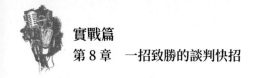

追根究柢，請君入甕

　　如同高明的獵人捕獵，不露痕跡地設套往往可以輕而易舉地收穫。有時，談判的對手為了在心理上處於優勢，往往搬出一些專用詞彙和外來語虛張聲勢。搬弄市場專用語、科學或法律方面的術語，是為了擺出一種挖苦你的態度：「這些辭彙，你不懂吧？」如果這些都在對方所學的專業範圍內，則另當別論，但大多數場合他只不過是看過一點這方面的書，現買現賣而已。如果是這種情況，你可以把它當成一個很好的機會。

　　你大可不必因為聽不懂這些詞而感到羞愧。對方肯定是在似懂非懂地濫用，進而自我陶醉。此時，你不妨認真地詢問：「『XX』這個詞究竟是什麼意思？」即使你明明知道，也故作不知地反過來問他。

　　於是，情勢發生逆轉。如果對方只是隱隱約約地知道一點點，真要請他解釋，他會茫然不知所措，回答也會吞吞吐吐：「這個嘛……也就是這個意思。」剛才講話的神氣已蕩然無存。對方本來意圖造成你方的混亂，結果卻搬石頭砸自己的腳。在他們看來，一般人害怕別人說自己沒知識，不會刨根問底，所以才濫用那些道聽途說的隻言片語。因此，你也可以將計就計，在那些難以解釋、希望一帶而過的問題上，不妨適當地說些晦澀的專業詞彙或人們不熟悉的外文字詞，藉以脫身，還可以做點鋪墊，比如說：「正如您已經知道的那樣……」，只要對方不是非常執著的人，不十分老練，大概誰也不可能會問：「咦？不知道耶！到底是什麼意思？」像這樣，抓住對方的虛榮態度和自尊心做點文章，談判會越發順利。

　　舉個例子，有一位主管深信自己對流行的東西相當敏銳，與廣告策畫人不相上下。在一次企劃會議上，這位主管自以為是地發表了一番高見。這時，廣告部的劉主管不經意地對他說：「最近新開了一家這種店，您去

過嗎？」實際上這個店根本不存在。但是對方不願意承認自己的無知，於是反應「嗯，我好像在哪裡聽過」，結果正中下懷。這時劉主管才把話挑明：「已經聽說了？消息真靈通呀！這麼說，我腦子裡想像的那個店鋪實際上已經存在啦？」對方吃了一個啞巴虧，便虛下心來聽別人的發言，再也不會不懂裝懂了。

虛構一個主事者

「老闆有交待，售價絕不可少於 1,000 元。」

對方當然也可以以其人之道，還治其人之身，說：

「我們上司囑咐再三，價錢要是高於 800 元就不要了。」

當然，交易要是能成交，總有一方，甚至雙方，都會將那位虛構的主事者拋置腦後的。

買賣雙方可能就這樣一直拿隱身的主事者當幌子，把談判繼續進行下去。

在服裝店裡購買衣服時，聽得最多的是：「我要是再降價格，老闆非叫我走人不可啦！」

不妨學習一下這些聰明的店員，在談判桌上你也可以稍微變個說法：「同意這些條款，是違反公司方針的，我絕不能……」。

虛構一個主事者，把自己的主事身分變成代人說話，使自己置身事外，說起話來就方便多了。即使最後鬧僵了，對方也怪不到自己頭上。這樣，你就有退路，可備不時之需。當對方逼得太緊時，有它可做擋箭牌，即使買賣最後不能成交，彼此也不至於尷尬，只是因為「不是我不同意，而是老闆不答應。」

抬出主事者還可以使談判者在做出讓步的次數與大小上有轉圜餘地。他可以說：「我說了不算數呀！總經理不會答應。」

或是：「委託人說了，如果不能全額減免，絕不接受。」如此等等。

但在運用這個策略時也得認清事實。這畢竟是談判，最後總得見真話。搞不好把對方惹急了，他會說：「既然你什麼都做不了主，那就叫主事者出來談好了。我不能一直和一個普通員工糾纏不清！」只有當你處於較強的談判地位，即他急需和你做成生意；或即使談判鬧僵了，你也不在乎，才可放心用上此招。

讚美的尺度與分寸

拍什麼不好，偏要拍馬屁？答案其實是這樣的：為了讓「馬」心甘情願地照自己設計的道路跑。

其實，「馬屁」有時也能成為有價值的無形之物。甲、乙 2 人一個願打，一個願挨，兩廂情願，公平交易。只不過「馬屁」在拍者口中並不值錢，但到了被拍者耳中就往往成了績優股，價值飆升。另外，「馬屁」成交後無需向政府部門納稅。

中國古代的縱橫家大多精於「拍馬屁」，所以他們在向國君規諫之前，往往少不了先說一些令國君心儀受用的話，然後話鋒一轉，直奔主題 —— 而這樣做的結果，往往是大勝而歸。

「拍馬屁」發展到現在，已經更上一層樓了。其拍法五花八門，不一而足。究其根本是拍者「各盡所能」，被拍者「按需分配」。更有拍馬者嫌「拍馬屁」一詞不雅，索性美其名曰「讚美」，並納入「人際關係學」這門課程。他們說，既然有一匹馬在這裡站著，我為什麼不坐到牠身上，

拍拍牠的屁股，讓牠載我一程？

　　有則故事說，某馬屁精剛死成鬼，閻王在殿中會審後，怒曰：「你這個十足的馬屁精，我非要你上刀山不可。」馬屁精一聽，不慌不忙地把閻王吹捧了一番，一頂又一頂的高帽子免費派送。誰知閻王聽了更加生氣：「呸！你這個可惡的馬屁精，到死也不忘其本性，今天非要把你打入18層地獄不可！」（馬屁拍到了馬腳上，被倒踢一腳）。馬屁精並不亂方寸，使出了最後一招：「啊！英明的閻王，我一生拍過無數馬屁，從未失手，我以為您也像凡人一樣，偏愛奉承，誰知您竟然是一位鐵面無私的英明領袖啊！」閻王一聽，喜笑顏開，當即推翻原來的判決，賜其馬上投胎富貴人家。

　　談判時的具體「讚美」，可抓住對方的年齡特徵，如年老，則講「老當益壯」、「久經沙場」；若年輕，則講「年輕有為」、「反應靈活」、「精明幹練」、「前途無量」。也可順著對方的興趣與愛好、特長進行讚美。這些話或許有切題之處，但目的是為了感化對方，減緩對方進攻的聲勢。

　　在談判時，恰當的讚美可以軟化對方態度。不過讚美也有需要注意之處。首先，要將讚美的重心放在有決定權的對象身上；其次，尺度要得當，否則會弄巧成拙，令人厭惡。

　　一位剛出道的喜劇演員在一家夜總會演完首場演出。夜總會老闆來到後臺對他說：「演出簡直太棒了，我自始至終開懷大笑了20分鐘」，並指著臉上的淚痕說：「你看，連眼淚都笑出來了。」還說：「這真是本年度最棒的一次演出！觀眾全都向後臺湧過來了。真是奇蹟呀！」

　　演員也真會抓時機，趁機就答道：「是嗎？如果你能將出演費提高50%，我想我會做得更好。」

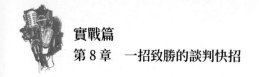
老闆當場同意，臉上還帶著笑容。起碼在回到辦公室以前，他是笑著的。

鐵石心腸的老闆只打算給初出茅廬的演員一點小小的恩賜，結果卻遭到演員對手的輕輕一擊。

具體到談判的藝術中，切忌當著對方的面讚揚談判標的，或透露出喜愛之情，因為這等於在鼓勵對方提高要價，陷自己於不利的境地。

擺平不同個性的對手

有人戲稱商務談判是一場頑強的性格之戰，因為我們要接觸的談判對手可能千差萬別，無論經驗如何豐富，也很難做到萬無一失。因此，對於各種不同的談判對象，可以視其個性的不同而加以調整。

▌ 死板的對手

此類人談判特點是準備工作做得完美無缺。他們直截了當地表明希望的交易、準確地確認交易形式、詳細規定談判議題，然後準備一份涉及所有議題的報價表。陳述和報價都非常明確和堅定。死板人不太熱衷於讓步，大大縮小討價還價的餘地，與之打交道的最好辦法，應該在其報價之前即進行摸底，闡明自己的立場。應盡量提出對方沒想到的細節。

▌ 熱情的對手

此類人的特點是，在商場上有點鬆散。他們的談判準備往往不充分又不細緻。這些人較和善、友好、好交際、容易相處，具有靈活性，對建設性意見反應積極。所以多提建議性意見，並向他表示友好，必要時做出讓步。

▌冷靜的對手

　　他們在談判的喧囂階段，表現沉默。他們從不激動，講話慢條斯理，在開場陳述時十分坦率，願意使對方清楚他們的立場。擅長提建設性意見，做出積極的決策。在與這種人談判時，應該對他們坦誠相待，採取靈活和積極的態度。

▌坦率的對手

　　這種人的性格使他們能直接向對方表現真摯、熱烈的情緒。從他們自信地步入談判大廳，不斷地發表見解，就可以領略到他們的坦率。他們總是興致勃勃地開始談判，樂於用這種態度取得經濟利益。在磋商階段，他們能迅速地把談判導向實質階段，他們十分讚賞精於討價還價，為取得經濟利益而施展手法的談判高手。他們自己就很精於使用策略去謀得利益，同時，希望別人也具有這種才能。他們對「一攬子」交易懷有十足的興趣，希望賣家按照他的要求做「一攬子」說明。所謂「一攬子」是指不僅包括產品本身，且要介紹銷售該產品的一系列辦法。

▌霸道的對手

　　由於具有自身的優勢，這種人十分注意保護自己在經貿及所有事情上的壟斷權。在撥款、談判議程和目標上會受到許多規定性的限制。與這種人打交道，準備工作要面面俱到，要隨時準備改變交易形式；要花大量不同於討價還價的精力，才能壓低其價格，最終達成的協議要寫得十分清楚仔細。

▌猶豫的對手

　　在這種人看來信譽是第一重要，他們特別重視開端，往往會在交涉上花很長時間，其間也穿插一些摸底。經過長時間、廣泛、友好的會談，增

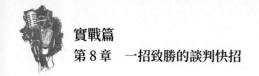
進彼此的敬意,也許會出現雙方共同接受的成交可能。與這種人做生意,首先要防止對方拖延時間和打斷談判,必須把重點放在製造談判氣氛和摸底階段的工作上。一旦獲得對方的信任,就可以大大縮短談判進程,盡快達成協議。

▋好面子的談判對手

這種人愛面子,希望對方把他看成是大權在握,能掌握關鍵作用的人物。喜歡對方的誇獎和讚揚,如果送個禮物給他,即使是一個不太高級的禮物,都會有良好的效果。

第 9 章　員工管理中的口才妙招

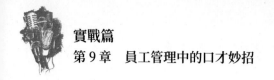

不管是行政管理、企業管理、經濟管理，還是軍隊、學校，乃至家庭管理，都離不開人與人之間透過語言交流傳遞資訊、命令等。換言之，任何行業的管理，都必須借助語言來溝通，從而達到管理的目標。

優秀的領導者必須具有良好的口才，懂得春風化雨，用溫暖、得體的語言去感召員工，並達到管理的目的。這種借助高妙的口才管理藝術，會在管理的過程中進一步融洽領導者與被領導者之間的人際關係，為彼此共同的生活、工作，創造良好的人際環境。而人際環境的和諧、舒暢，又可以帶動工作的積極度，促進工作熱情。如此的良性循環，應該是每一個行業的領導者所夢寐以求的。

可以說，擁有管理與藝術相結合的口才能力，在管理中具有重要的作用。

主管說話應具備哪些特點

主管和員工的談話主要有 4 種功能。

* **監督功能**：藉以獲取管理工作進展的詳情，監督各部門執行主管的決定。
* **參與功能**：借此研究執行決定過程中發生的問題，探討和尋找解決辦法，使主管由「觀察」地位進入參與地位。
* **指示功能**：從中傳遞上級指示或本人決定。
* **知人功能**：由此接觸工作人員，了解他們的各種心理特質，做到諳知人心、知人善用。

那麼，主管應如何與他的員工談話呢？

◆ **要善於激發員工講話的欲望**：談話是主管和員工的雙向活動，員工若無溝通的欲望，談話難免陷入僵局。因此，主管首先應具有細膩的情感，注意說話的態度、方式以及語音、語調，旨在激發員工講話的欲望，使談話在感情交流的過程中，完成訊息交流的任務。

◆ **要善於啟發員工講實話**：談話所要交流的是反映真實情況的資訊。但是，有的員工出於某種動機，談話時弄虛作假，見風使舵；有的則有所顧忌，言不由衷，這都會使談話失去意義。為此，主管一定要克服專制、蠻橫的作風，代之以坦率、誠懇、求實的態度，並且盡可能讓員工在談話過程中了解到：自己所感興趣的是真實情況，並不是奉承、文飾的話，消除對方的顧慮或各種迎合心理。

◆ **要善於抓住主要問題**：談話必須突出重點，扼要緊湊。一方面，主管本人要以身作則，在一般的關懷性問候之後，便迅速轉入正題，闡明實質問題；另一方面，也要讓員工養成這種談話習慣。要知道，多言是對資訊不理解的表現，是談話效率的大敵。

◆ **要善於表達對談話的興趣和熱情**：正因與員工談話是雙邊活動，主管對員工一方的講述予以積極、適當的反饋，才能使談話者更津津樂道，從而使談話更融洽、深入。因此，主管在聽取員工講述時，應注意自己的態度，充分利用一切方法 —— 表情、姿態、插話和感嘆詞等 —— 來表達出對員工講話內容的興趣及對談話的熱情。

在這種情況下，領導者微微的一笑，贊同的點一點頭，充滿熱情的一個「好」，都是對員工談話最有力的鼓勵。

◆ **要善於掌握評論的分寸**：在聽取員工講述時，主管不應發表評論性意見。若非要評論，也應放在談話末尾，且作為結論性的意見，措辭要有分寸，表達要謹慎，採取勸告和建議的形式，以易於員工採納接受。

◆ **要善於克制自己，避免衝動**：員工在反映情況時，常會忽然批評、抱怨起某些事情，客觀上這正是在指責主管。這時主管更要頭腦冷靜、清醒，不要一時激動，自己也滔滔不絕地講起來，甚至為自己辯解。

◆ **要善於利用談話中的停頓**：員工在講述中出現停頓，有 2 種情況，需分別對待。第一種停頓是故意的，是員工為探測主管對他講話的反應、印象，為引發主管講出評論而做的。這時，主管有必要給予一般性的插話，以鼓勵他進一步講述。

第 2 種停頓是思維突然中斷引起的，這時，主管最好採用「回響提問法」來接通原來的思路。其方法就是用提問的形式重複員工剛才講的內容。

◆ **要善於克服最初效應**：所謂最初效應就是日常所說的「先入為主」，有的人很注意這種效應，且也有「造成某種初次印象」的能力。因此，主管在談話中要客觀、批判，時刻警覺，善於把表面看起來的狀況，從真實情形中區分出來。

◆ **要善於利用一切談話機會**：談話通常分正式和非正式 2 種形式，前者在工作時間內進行，後者在業餘時間內進行。身為主管，不應放棄非正式談話機會。在員工無戒備的狀態下，哪怕是片言隻語，有時也會有意外的資訊，為今後的正確管理決策提供重要參考。

告訴員工他很重要

　　許多聰明的主管都懂得如何提升員工的積極度，他們讓員工參加重要事務，並讓員工參與部分決策擬定過程，明確肯定他們的工作貢獻。這些主管還向員工提供具有挑戰性責任的機會，以增加他們的組織能力，並樂於看重他們的努力，使他們有最佳表現。

　　明智的主管還會看重員工的工作，有意安排讓他們做些有意義的貢獻，比如常要求員工提供新點子、意見、工作成績，讓員工參與決策過程，從辦公室人員如何配置、招募新員工，直到如何開展顧客服務等各項工作，都會徵詢他們的意見，同時也讓員工明白，他們是團隊裡重要的成員。

　　員工大都懂得，要努力工作就要能提出創意，對主管所主導的決策及目標，有共同分享參與的能力，並更有可能盡心去支持及實踐這些決策與目標，進而尋求學習、成長及增進能力的機會。結果當然是大家都能從中受益。

　　以下是滿意的員工對自己主管的讚揚意見，這無疑可以讓人們受到啟發。

- 我的主管很看重我的意見。他尊重我的創意，不會只是空口說白話而已。他甚至採納了我的建議，這的確鼓勵我更有創意，更勇於提出意見。

- 我的上司總是徵詢每個人對所有事物的看法，譬如說，我們的辦公室正要準備遷移，他便非常關心我們的通勤情形，以及公司搬家後對我們的影響。另外一個例子是，我們聘請了一位辦公室顧問，上司要求我們每個人提出意見，並詢問我們對這位顧問辦事能力的看法。他總是希望知道我們的想法。當然這令我更加覺得自己是團隊裡重要的一員。

- 上司很願意傾聽員工心聲，雖然他不一定完全同意我們的意見，但是如果不同意，絕對不是因為他不重視我們。他徵詢我們的意見，且真心希望得到我們的看法，所以他也從我們的努力中得到回饋。我們互相修改意見的嚴格程度不相上下，他不僅樂於接受，也期待、鼓勵我

們這麼做。這促使我們更願意花時間試著提出可能的最好建議,因為我們知道他會認真看待我們的意見。

◆ 如果我的上司正在處理書面報告,他有時會把報告交給我,看看我是否有任何意見。我會提出建議或略加補充,而他也經常會把我的意見涵括進去。當然,這意味著每當他把文件交給我,我都會讀得非常仔細,提出許多看法,因為我知道他很信任我。我的工作能力大概就是在主管這樣的信任中逐步提升的。這很重要,因此我能夠有更大的貢獻。

◆ 當我們一起出席會議時,有機會獲得截然不同的資訊,因為我們的地位不同,人們對我們的印象和假設也有所不同。比方說,在和高階人士談話時,他們對我的主管可能會有所保留,但對我就沒那麼小心翼翼。我的主管不斷地告訴我:「真高興你和我一起來開會,因為我不可能聽到你所聽到的消息。」他一再強調我們可以彼此增長補短,相互補益的好處。這使我們構成一個良好團隊。

把讚賞的話常掛嘴邊

身為主管,應該懂得懇切和坦誠是唯一的管人法則。有時一句讚賞的話能讓員工高興2個月,這是千真萬確的。其實,真正的讚賞和無原則的表揚是有很大差別的。虛偽、缺乏真情實意的溢美之辭聽起來很甜,但細細品味卻會令人倒胃口。華麗的辭藻通常是多餘的。最坦誠的讚賞常常是意味深長、令人回味的。

常言道:重賞之下必有勇夫。這是物質上激勵員工的方法。物質激勵有很大的局限,比如在機關或政府,獎金都不是可以隨意發放的。員工的很多優點和長處也不適合用物質獎勵。

相比之下，主管的讚賞不僅不需要冒險，也不需多少本錢或代價，就能很容易地滿足榮譽感和成就感。

主管的讚賞不僅可以使員工意識到自己在群體中的位置和價值，也可以提高主管在下屬心中的形象。

在很多部門，員工的薪資和收入都是相對穩定的，人們不必在這方面費很多心思。然而，大家都很在乎自己在主管心目中的形象，主管對自己的看法和一言一行，是員工非常關心、敏感的問題。因此，主管的表揚往往具有權威性，是員工確立自己在本部門的價值和位置的依據。

員工很認真地完成了一項任務，或做出了一些成績後，雖然此時他表面毫不在意，但心裡卻默默地期待主管來一番稱心如意的嘉獎，主管一旦沒有關注，或不給予公正的讚揚，他必定會有挫折感，對主管也會產生「反正他也沒注意到，做好做壞還不是一樣」。這樣的主管怎能提升大家的積極度呢？

主管忽視讚賞員工，時間久了，員工心裡肯定會嘀咕：主管怎麼從不表揚我，是對我有偏見還是妒忌我的成就？於是與主管相處得不太熱情，保持遠距離，沒有什麼友誼和感情可言，最終形成隔閡。

主管的讚揚不僅表明了對員工工作的肯定和欣賞，還表明主管很關注員工的其他事情，對他的一言一行都很關心。有人受到讚賞後常常高興地對朋友說：「看我們主管既關心又賞識我，我做的那件事，我自己覺得沒什麼了不起，卻被他大大誇獎了一番。跟他一起工作心情很好。」

若主管和員工相互之間都有這麼好的看法，沒有什麼隔閡，能不團結一致把工作做好嗎？

主管稱讚員工，可以公開，也可以私下鼓勵和肯定，但若在眾人面前不恰當地對某人大加誇讚，也可能會給「榜樣」帶來麻煩和困擾，使讚賞

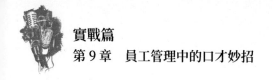

的作用適得其反，所以讚賞一定要準確、恰當、到位。

在眾人面前過度稱讚某職員，會使很多人不快，被稱讚的人往往也會感到不安。未被讚賞的人通常會產生妒忌感，主管不恰當的稱讚越多、越重，他們的妒忌心就會越強烈。如果主管的稱讚言過其實，還會讓他們鄙夷這種作法，直至懷疑主管的稱讚是否別有用心。

聰明的職員在被當眾稱讚時，通常說聲表示感激的「謝謝」，就及時離開了，與其說是害羞，倒不如說可能是不習慣周圍妒忌的目光。

因此，在眾人面前稱讚他人，必須注意：是否會令被稱讚者產生不必要的困擾？稱讚是否恰到好處？你要考慮稱讚是否有實事求是。

總之，主管稱讚員工某件事時，應該注意不要在眾人面前過分地大加宣揚，不要當眾給他造成不安。可以在他不在場的時候，當個別同事的面對他加以讚揚。

畢竟，競爭意識是人人都有的，人總是不自覺地和他人進行比較，所謂的優越和自卑也就因為這樣不恰當的比較而產生。因此，雖然不在大庭廣眾之下稱讚某人，而是在個別職員面前稱讚他的同事，由於這種競爭意識的比較，效果也十分有限。

被稱讚的人不在場時，你要有所考慮，照顧一下在場其他人的顏面和感受。怎樣才能照顧周到呢？這是很難辦到的，是不容易的事。最好的辦法，與其可能帶來不必要的損失，倒不如不進行這種稱讚。你只要做到心裡有數，對在場者給以適當的慰勉，未嘗不是件令人高興的事。身為主管，應該避免對不在場的人進行稱讚，尤其不能將在場者與不在場者進行比較，褒揚不在場者，直接或間接地指出在場者的不足。這對各個方面都沒好處。

委派任務其實很簡單

主管向員工委派任務，其目的當然是希望他們能順利完成任務。因此，需要主管對任務本身的深刻認識與了解，確保任務內容的明確、清楚。這些都是委派前的必備工作。主管除了要將工作的內容說清楚、有條理以外，還要就不同類型的員工加以引導，幫助他們建立完成任務的信心與責任感。

對於那種好勝而自負、進取性極強的員工，在委派任務之後，最好是用簡潔的話激一下他那「不服輸」的神經。比如可以說：「這個任務對你來說有困難嗎？」在得到他帶有輕蔑口吻的回答後，便可收場了。太多的叮嚀只會引起他的煩躁，而且還會使他對任務的執行更加不屑一顧。

對那些做事缺乏信心，不夠大膽的員工應該是你特別關照的對象，在詳細說明工作任務後，還必須重重拍拍他的肩膀，讓他的精神狀態振作起來，然後對他說：「這個任務，依你的實力來看，算不了什麼，努力去做吧！你一定會給我們一個驚喜的！」話說完，要迅速給他一個擁抱，並重重拍擊他的背部，這種鼓勵是非常有必要的。員工們會想：只要我加倍努力，必有所得，哪怕失敗了，我還有一個大團隊在支持著我呢！

誰都不願意與「唯利是圖」的人打交道，但在企業中，講求實惠的員工大有人在，他們關心的可能不是任務本身，而在於任務背後的物質利益保障。對待這樣的員工，任務內容你可以適當地輕描淡寫，但也一定要讓他清楚地意識到，出色地完成任務是論及其他東西的前提。在向他們傳達完任務的主旨後，就進入了他所關心的階段。此時，保持神祕感只會讓他們喪失對工作的興趣，不妨就此向他們挑明完成任務之後會帶來的豐厚物質利益。最好，在完成任務的過程中，再增設一定的物質刺激，並在委派

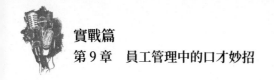
之時，向他說明出色完成意味著什麼。這顯然有助於激勵他們漂亮地完成任務！

　　也許年長的員工在現在的企業裡已不多見，他們由於歲數偏大，精力有限，在企業中的地位江河日下，在向他們委派任務時，就要特別尊重他們的感情與意見，體諒他們的難處。

　　謙虛的態度，是你與歲數高於你的人成功交往的關鍵，清楚仔細地說明任務的每個細節，並及時向他詢問任務執行可行性及他們的難處，這樣會使你在委派任務的同時，又獲得許多經驗之談。

　　在委派任務時，更要親切地對他說：「這個任務的完成，最需要的就是您有豐富經驗與聰明才智，如果在其他方面有什麼問題或意見，希望您能及時地幫我們點出，我們會立刻解決的。」

　　你的幾句謙遜、噓寒問暖的話語，會讓這些年紀大的員工得以慰藉，也許還會煥發出青年一般的幹勁與熱情。

　　人最大的樂趣就是去做他們最想做的事。對本身就對委派工作抱有極大興趣的員工來說，任務就是愛好，是一種能使他們樂而忘返，並得到極大滿足的事物，他們的創造力會在任務的完成過程中，得以極大的發揮。

　　主管對這樣的員工肯定愛不釋手。對他們，你或許不必將任務說得太細，因為他們會為了圓滿完成任務，將可能出現的問題提出詢問。任務解釋清楚後，你只需謙虛地說一句：「對這種工作，你是專家，全看你的了。」留給他充分的時間與空間去展示他個人的創造才能！

批評員工也有訣竅

身為主管，對犯有過錯的員工進行批評是很常見的，批評的目的主要也是出於幫助、愛護。試想，如果業務因為員工的疏忽而導致巨大損失，主管卻不批評他，他的同事會怎麼看？恐怕他自己將來也會怨恨當年主管的「不作為」吧！

但是批評員工也是有訣竅的，身為主管，批評的原則是清楚委婉，對事不對人，還要給對方留臺階。以平常的說話方式明確傳達抱怨的內容，批評的目的是要求對方處理錯誤的後果，不必讓他看到主管是多麼生氣。

批評的要領是「清楚說明原因，加以批評與適度誇獎共用」，例如批評的內容要有錯在哪裡的清楚理由，即使員工很明顯地意識到自己錯了，也要先問「為什麼會變成這樣？」給對方一點空間，也許有別的原因呢！聲音要沉穩，不要過於激動，女性應採用腹式呼吸，讓聲音沉穩。看著對方的眼睛批評，對方一定可以感受到你認真的態度，批評的時間要短。在批評一件事時，最討厭牽扯其他事情，使事情逐漸擴大。以下是幾種對有問題員工進行批評的範例。

▍不遵守規章制度的員工

不遵守時間、習慣遲到、明知道公司規則卻故意不遵守之類的人。這種人雖然很難對付，但為了公司及他本人的前途，主管完全有必要批評。

批評範例（針對習慣遲到者）：

「你事情一向都做得很好，工作的技術很棒，情緒也很高昂。不過，美中不足的是你早上總是遲到，是有什麼原因嗎？如果沒有特殊理由的話，我希望你以後能夠準時上班。」

「這並不是為了我，也不是為了公司，是為了你自己本身，為了你的

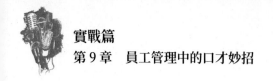

將來。就只是因為遲到這個缺點，你可能會失去很多屬於自己的東西，這不是很可惜嗎？不用在上班前 30 分鐘到，但希望至少在上班前 5 分鐘你就在座位上了。」

▌不懂禮節的員工

有些員工因為不注重自己的修養，或缺乏常識性的遣詞用語，連帶地令人懷疑他的人格。如果有這種員工，主管就應該告訴他禮節的重要，具體地給予適當的批評。

批評範例（針對遣詞用語不當的員工）：

「我想你應該知道身為一個職員，禮節很重要。當然，我們不需要太拘謹古板，但最起碼不要帶給別人不愉快的感覺。」

「不過，聽你說話，不管是對前輩或上司都一樣，說話都很隨便。當然，並不需要太客套，但至少說話時也要想到是在對長輩和上司，用詞不要太粗魯。要客氣一點。」

「別人不愉快，我們自己也不會快樂，你說對不對？」

▌人際關係惡劣的員工

這種人對別人的喜好厭惡都很明顯，一發現別人不跟自己打招呼或回答，馬上就會生氣，甚至吵架。辦公室是團體活動的場所，如果其間有一位這種類型的人，那整個辦公室氣氛就會低落、人際關係也會變得陰暗險惡，工作效率當然會下降。所以像這種人，主管就一定要讓他變成好相處的人不可，讓他明白，想要過愉快的職業生活，人際關係很重要。

批評範例（針對難相處的員工）：

「並不是要特別對你說什麼，不過，別人問你什麼，你好像都不太願意回答，當然也許你有回答，但是聲音那麼小，別人也聽不見呀！」

「就像我們坐計程車時，跟司機說『要去XX』，可是司機連吭都不吭一聲，這時你一定很不愉快，而且還可能到不了目的地。」

「你為什麼不肯有熱情地回答別人呢？如果你可以回答清楚一點，那周圍的人就會很喜歡你了。」

▌無法完成工作的員工

辦公室就是做事的地方，無法完成工作的人，就沒有待在辦公室的價值。有那種寫公文錯字一大堆、打字又慢、簡直一點用處也沒有的部下最讓人可憐。

可是主管也不能就此旁觀，要積極地批評、教育他，將一位無用的員工變成有用、好用的人才。

批評範例（工作雖快但錯誤也多的員工）：

「對於交待給你的工作，你一向可以很準時地完成，且能力也不錯。不過，發現最近你寫的報告中有很多錯誤。即使工作忙，也要盡可能再看一遍，不然光是速度快也沒有用呀！」

上述4種人只要有任何一種在辦公室出現，就會引起問題和災難，不要說是本人，即使是身為主管的你，一樣也會遭到池魚之災。

不要隨便斥責員工

一些主管在面對員工工作失敗時，總會斥責一番，與其說是防範員工重蹈覆轍，倒不如說是自己控制不了自己的憤怒，是一種變相的發洩。大部分主管總是喜歡先批評，然後再說原因，好像只要失敗了，不管原因如何，都是應該受到批評的。

身為一個主管，以這種方式對待員工的失敗，肯定是錯誤的。只要是

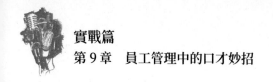

人，誰沒有失敗的時候呢？人生本就是由無數個失敗組成的，誰又能老是責怪別人呢？更何況失敗的人說不定正處於極度的後悔中，你忍心讓他們雪上加霜嗎？若你不顧此再加以責難，則除了增加他們的懊喪，不會有任何裨益。如果他能從失敗中吸取教訓，終歸能走向勝利，那麼，他當初的失敗反而是應該受到獎勵的，因為那只算是一次偉大的犧牲。

　　一個失敗的員工，若是被他足以信賴或仰慕的上司斥責，或許他不會生氣，反而會自我反省、努力工作以挽回失敗，他一定有期待，期待下一次的表現能博得上司的賞識。因為他知道上司的斥責只是在糾正他的工作，而絕非損傷他的人格。

　　然而有不少主管，一遇到員工失敗，就給予無情的責罵。

　　「就是你這個飯桶，才會做出這樣的事。」

　　「我看看你做了幾件成功事，我看你是個廢物。」

　　如此之類的話，與其說是對員工的批評，倒不如說是對主管的批評，這樣的主管肯定不會贏得員工的好評，不只是被責罵的員工會遠離他，未受斥責的其他職員也會因此而疏遠他。

　　既然上述的責罵方式收不到好的效果，為什麼不改變一下處理方式呢？當然要先控制好自己，在員工的失敗面前，氣憤失控是不行的。要這樣想，人人都會有失敗，責怪別人還不如責怪自己。對失敗的員工指出錯誤時要語重心長，千萬注意別傷了他們的自尊心。

　　「這次你要小心，從樓梯上摔下來，別人都替你遺憾，但大家並不會因此取笑你，大家都在期盼你康復，我們還是好朋友。」

　　「上次的工作做錯了，沒關係，重點是你要找到失敗的原因，下次不能再錯了。準備好，下次有合適的工作，我還是會找你的。」

　　這才是最恰當的說教方式。

對於那些失敗了，反覺得輕鬆又滿不在乎的員工，詳細的指導工作也是不可或缺的。但在他們已經受過你的這種「特殊恩惠」之後，就可讓他們痛心疾首他們的失誤，讓他們在痛苦的反思中慢慢成長。

因此，在失敗面前斥責員工沒有絲毫意義，只能說是主管的失敗；說教利於改進工作，其實原諒也好，批評要講求藝術。

對主管來說，有2種員工比較容易接受你的批評：一種是個性比較直率的員工；另一種是能力和心胸較寬的員工。當然也有一種人，面對你善意的批評，好像「財大氣粗」一樣，並不在乎，他只是表面接受，但在心中，你的批評不會對其產生多大的效果。

直率的員工接受批評後會很快振作。軟弱的員工被批評後，多數不會有任何反抗，但是主管批評得越嚴厲，他們會越畏縮不前、膽小怕事。因此，對這種員工採用提醒式的批評，有時就能把問題解決了。

每個主管都有同樣的體會，心懷不滿的人最不好管理，因此批評這種人時必須十分注意批評的方法，對那些油頭滑腦的員工則應不介意對他們使用過分嚴厲的批評，這種人只有徹底修理才會痛改前非，再也不敢偷懶怠惰、胡作非為。

每個人都有各自的性格特點，如果只用一種方法去批評，在多數情況下，很難得到希望的效果。

如果軟弱的員工犯錯，要一對一地採取提醒式、鼓勵式的批評。例如說「我希望你能發揮出你全部水準來」，「我覺得這種工作品質並不代表你的能力」等。

對於心懷不滿的員工，要認真聽取他們的意見，然後再針對錯誤去批評，例如可以暗示「你本來可以做得更漂亮一點，怎麼老像有心事似的？」、「要把工作和生活分開，生活可以隨隨便便，工作必須正經

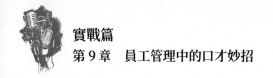
八百，這或許是一條人生遊戲的規則」。

對於那些油滑的員工，應用自己的真心話去批評他們。心裡怎麼想，就怎樣說，而且要常說，有一就說一，毫無保留，只有這樣才能收到預期的效果。

主管不要隨便斥責員工，要和他們講道理，要把你的要求和盤托出，要求他們真正聽從你的指示。你尊重他們，也要求他們尊重你。如果你已經明確把指令告訴他們，他們就是不遵行，故意違反，或屢勸不改，那就一定要斥責。

有 3 類員工一定要斥責，就算平時不斥責，也應該用強烈的態度，給他們明確的資訊。這 3 類員工是：

◆ **行為失德的員工**：有些員工品行不端，甚至心術不正，雖然沒有做什麼有損公司利益的事，但對其他員工卻可能造成滋擾。最常見的就是性騷擾，有些男性員工，對女同事口無遮攔，拿她們的身材當評論對象，喜歡說性話題，這會令公司的氣氛變得很惡劣。有些人甚至更過分，可能藉故毛手毛腳，讓女同事幾乎有被非禮的感覺。這類員工絕不要容忍，必須加以指責，如果勸而不改就應怒斥他，更嚴重的，可能要考慮解僱他。

◆ **懶惰的員工**：公司付出薪酬，便有權要求員工做好工作，有什麼合理要求，他們都應該完成。但懶惰似乎是很多人的天性，他們總想找種種機會偷懶，尤其是主管不在時，更是得其所好。如果是做外勤的，偷懶的機會更多，在下午 3、4 點時，若經過咖啡店，可以進去看看，當中大概多少有幾個是公司的外勤人員，就知道偷懶者何其多，若再加上下午跑入電影院看電影的營業代表，數目就更多。

和員工一起工作，大家要像戰士一樣努力前進。工作效率差、懶散不負責任的員工，會把整個團體精神拖垮，尤其企業是小公司，員工數目已經不多，就更應排除這些害群之馬，要先改造他，激起他的自尊自重之心，使他奮發。不過，有些大懶蟲的確是沒有自尊自重感的，斥責了也無計可施，唯一的方法就是請他另謀高就。

◆ **態度惡劣的員工**：有些員工的個性不好，如果主管的性格溫和，他們就不會把主管放在眼裡，對主管毫不尊重。這類員工，有些是仗勢自己工作表現好，辦事效率高，他們甚至可能在領導面前耍脾氣，或是反駁。對這類員工，如果不還以顏色，他們就會變本加厲，主管地位更是大降。剛創業，自己性格卻比較溫和，就可能被惡人所欺，這絕對需要用嚴厲態度，加以指責。

如果他們被斥責了還不改過，對主管不敬，那就逼不得已，需要用到最後手段，把他解僱。因為既然他對主管不尊重，主管的任何決策和指令，他們都可能違背，這對公司有害無益。

打一巴掌給一顆糖

主管在工作中，不免有生氣發怒的時候，而所發之怒，足以顯示主管的威嚴和權勢，對員工構成一種令人敬畏的風度和形象。應該說，對那種「吃硬不吃軟」的員工，適時適度的發火施威，勝於苦口婆心和千言萬語。

上下級之間的感情交流，不怕波浪起伏，最忌平淡無味。數天的陰雨連綿，才能襯托出雨過天晴、大地如洗的美好。暑後乘涼，倍覺其爽；渴後得泉，方知其甘，此中包含著心理平衡的辯證哲理。

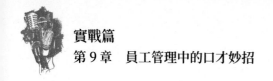

有經驗的老練主管在這個問題上，既敢發火震怒，又有善後的本領；既能狂風暴雨，又能風和細雨。當然，儘管發火施威有緣由，畢竟發火會傷人，甚至會壞事，領導者對此還是謹慎對待為好。

▌ 適度適時發脾氣是需要的

特別是涉及原則問題或在公開場合碰釘子，或對有過錯之人幫助教育無效時，必須以發脾氣壓住對方。況且主管確實為員工著想，而員工又固執不從時，主管發脾氣，員工也會明白理解的。

首先，發脾氣不宜把話說過頭，不能把事做絕，而且要注意留下感情補償的餘地。主管話一出口，一言九鼎，在大庭廣眾之下，一言既出，駟馬難追，而一旦把話說過頭，則事後騎虎難下，難以收場。所以，發火不應當眾揭短，傷人之心，導致後事費許多力也難以挽回。

其次，發火宜虛實相間。對當眾說服不了或不便當眾勸導的人，不妨對他大動肝火，這既能防止和制止其錯誤，也能顯示出身為主管善於運用威懾的力量，設置「防患於未然」的「第一道防線」。但對有些人則不宜真動肝火，而應以半開玩笑、半認真或半俏皮、半訓誡的方式進行。這種虛中有實、情意雙關，會使對方既不能翻臉，又不敢輕視，內心往往有所顧忌 —— 假如上司真的發起火來怎麼辦。

另外，發火時要樹立被人理解的「恨鐵不成鋼」形象，要大事認真，小事隨和，不輕易發火，但一發火就叫人服氣。長此以往，領導者才能在員工中樹立起令人敬畏的形象。透過日常觀察可見，令人服氣的發火總是和熱誠的關心連結在一起，領導者應在員工裡形成「雖然脾氣不好，但是個熱心腸」的形象，從而讓發脾氣得到員工們的理解和贊同。

▌發火不忘善後處理

領導人的日常發火，不論怎麼高明，總會傷到人，只是傷人有輕有重而已。因此，發火傷人之後，需做及時的善後處理，也就是進行感情補償。因為人與人之間，不論地位尊卑，人格是平等的。妥當的善後處理要選時機，看火候，太早了對方火氣正盛，效果不佳；過晚則對方鬱積已久的感情不好解開。因而，宜選擇對方怒氣略為消失、情緒開始恢復的時候為佳。

正確的善後，要視不同對象採用不同的方法。有的人性格大大咧咧，主管發火他也不會往心裡去，故善後工作只需三言兩語，象徵性地表示就能解決。有的人心細明理，主管發火他也能諒解，則不需下太大功夫去善後。而有的人死要面子，對主管發火耿耿於懷，甚至刻骨銘心，善後工作則需要細緻而誠懇，對這種人不僅要好言安撫，並在以後尋機透過表揚等方式彌補。還有的人量小氣盛，則不妨拖延進行善後，以日久見人心的心態去逐漸感化他。

藝術的善後處理還應展現出明暗相濟的特點，所謂「明」是領導人親自登門進行談心、解釋甚至「道歉」，對方感覺有面子，一般都會順勢和解。所謂「暗」是指對器量小者發火過了頭，單純面談也不易挽回時，便可採用「拐彎抹角」或「借東風」法。例如在其他場合，故意對第三者講他的好話，並適當說些自責之言，使這種善後語言間接傳入他的耳中，這種背後好言很容易使他被打動、被感化。另外，也可以在他困難時暗中幫忙，這些不在表面的行動，待他明白真相後，會對主管由衷感激。

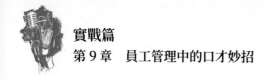

處理員工抱怨的方式

身為主管，應該創造積極的談話氛圍。只要有可能，盡量將談話安排在私人場合，這種場合的談話不會被別人聽到。如果你們是在開放的空間，建議到附近更適合的地方去。要確保這個地點很安靜，這樣你們 2 人都可以以正常的語調說話。要有技巧地傾聽，同時注意員工的身體語言，這樣才能找出真正的原因，不要讓周圍的東西（例如噪音等）分散你的精力，要努力建立雙向的資訊溝通渠道。盡量不要讓對話受到電話等的干擾。

如果員工在一個尷尬的時間或地點找你，你無法及時正常地接待，就應盡快重新安排一個合適的時間，還要向員工說明這種投訴對你十分重要，希望能給予他足夠的重視。

有時抱怨的員工天天帶著新的投訴到你的辦公室裡來，這種員工可能耗盡你的耐心，讓你無法認真傾聽。有時這些員工只是想獲得你的注意。在這種情況下，如果他們得到了足夠的重視，他們就會停止投訴。如果這種投訴還在繼續，確實需要傾聽且認真解決。你可以採取下列方法加以處理。

▌專心傾聽

這通常是由員工發起的談話。給予員工足夠的重視，安排會談盡量像私人對話一樣。員工可能會立即向你提出許多問題，不僅要專心傾聽，還要用你其他感官去捕捉員工的身體語言，一定要了解員工的內心想法和這種想法背後的真實意圖。要小心，不要有生氣或敵意的反應。透過專心傾聽和反應，你可以和員工很好地溝通。當員工感覺你在注意聽，他就會放鬆，而且會表述得更清楚。

▌了解投訴的所有細節，做筆記

詢問投訴的每一個細節、時間、地點、環境、其他在場的人等。一定要保證你獲得了解決情況所需的全部資訊。

但要注意，不要在這個步驟中評論員工的投訴。透過認真傾聽，你可以獲得所要的細節。一定要詳細記錄，以備日後參考，這些紀錄對解決問題非常有幫助。

▌做出反應，說明你已了解問題

在談論問題的其他方面時，重複每一個細節，表示對細節都已掌握清楚。注意觀察員工不同意你的表述時，所做的語言或非語言表達。如果你發現員工根本不同意你的表述，要立即澄清事實。努力傾聽員工的話，可以維持或強化他們的自尊心。

▌坦誠表明你的立場

記住，該說的都說了，該做的都做了，解決問題的責任落在主管的身上。只有專心傾聽才能使主管易於理解員工在事件中的立場。但是，如你所知，每個事件都有 2 個以上的觀點，只有全面考慮後，才能處理這種投訴。要很誠懇地向員工說明你的立場，說明這只是就事論事，不是針對投訴本身和他本人，不要針對員工的個性發表意見。這樣，主管才可以做出客觀的反應。有技巧的反應才能維持員工的自尊心。

▌員工的投訴將會提醒你注意，對此應表示謝意

員工對問題的看法，向你提供有價值的建議，透過對員工表示謝意，讓員工知道你對他在解決問題時所付出的努力有高度評價，他會在出現別的問題時更加努力。透過強調小組工作的重要性，進一步加強員工的自尊心。

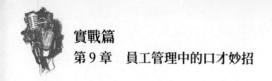

　　做到了上述要求，身為主管的你將會成為一個處處受到歡迎與愛戴的
優秀主管。

附錄　經典脫口秀

　　在本書的最後，之所以匯集了這些經典的脫口秀，目的不單是想給讀者帶來感觀上的享受，而是希望讀者在賞心悅目的同時，能掩卷細思、舉一反三，將自己的口才提升到一個更高的層次。

即興應答

▋不回答第二個問題

美國前總統林肯在學校讀書時，有一次考試，老師問他：「林肯，你是願意考一道難題呢？，還是考兩道簡單的題？」

「考一道難題吧！」

「好吧，那麼你回答！」

老師問：「蛋是怎麼來的？」

「雞生的。」林肯答道。

「雞又是哪裡來的呢？」

「老師，這是第二個問題了。」林肯說。

▋體驗罰款

乘客：「對不起，我想體驗無票乘車的心態。」

售票員：「為什麼？」

乘客：「以便構思小說呀！」

售票員：「那好，現在還請你先體驗一下被罰款的心態吧！」

▋父子對白

父親：「約翰，你知道嗎？華盛頓在你這個年紀的時候，已經是班級最好的學生了。」

約翰：「是的，爸爸，但是華盛頓像你這樣年紀的時候，已經當上總統了。」

▋時刻表的用途

火車站擠滿了要搭車的旅客，一列又一列的火車不是誤點，就是被取消。一位旅客生氣地對車站服務人員說：「我不明白鐵路局何苦費事印時

刻表呢？」

　　服務人員說：「我也不知道，不過，要是當真不印時刻表的話，你就不知道火車到底誤點多久了，對嗎？」

▌請勿抽菸

　　「先生，請不要在店裡抽菸。」

　　「那你們店裡為什麼要賣菸？」

　　「我們店裡還賣衛生紙呢！」

▌剛好滿 10 歲

　　「先生，我在你們店買的這隻金絲雀，你說牠能活 10 年，可是，我買回去才 3 天，就死了。……」

　　「先生，可能您買回去的第 3 天，正好牠滿 10 歲吧！」

▌鬧饑荒的原因

　　一天早晨，高而瘦的蕭伯納到公園散步，迎面走來一個矮而胖的巨商亨利。

　　亨利洋洋得意地說：「啊！蕭伯納先生，我一看到你，就知道世界上正在鬧饑荒！」

　　蕭伯納淡然一笑，回敬道：「啊！亨利先生，我一看到你，就知道世界上為什麼會鬧饑荒！」

▌最優秀的批評家

　　著名音樂家西貝流士與一位非常有名，同時也是十分可怕的批評家在公園散步，這時，小鳥正在枝頭唱歌。批評家指著小鳥說：「小鳥的歌唱

得真好啊！牠們才是世界上最有才能的音樂家！」

不一會兒，一隻烏鴉叫著飛來，西貝流士認為報復批評家的良機到了，便指著烏鴉說：「牠是世界上最優秀的批評家。」

二人會心地笑了。

▌ 孩子長大以後

斐斯塔洛齊是瑞士有名的教育家。一次，有人向他提出一個傷腦筋的問題：「您能不能看出一個小孩長大後會成為什麼樣的人？」

「當然能」，斐斯塔洛齊很乾脆地回答，「如果是個小女孩，長大一定是婦女；如果是個小男孩，將來一定是個男人。」

即興反駁

▌ 兩面派

林肯自知容貌不揚，然而他豁達大度、不拘小節，有時還自我嘲弄。

一次，林肯聽到參議員道格拉斯誣稱他為「兩面派」，說：「你這話要讓聽眾來評判評判。如果我還有另一副面孔的話，豈不是很好嗎？你想想看我為什麼還出現在這副面孔呢？」

▌ 母雞下蛋

一位作家對廚師說：「你沒有從事過寫作，因此你無權對我的作品提出批評。」

「豈有此理。」廚師反駁道：「我這輩子沒有下過一顆蛋，但我能嘗出炒雞蛋的味道。母雞可以嗎？」

▌ 想必

孔融 6、7 歲時便聰明過人，能回答許多難題，一些有才學的大官都被難倒了。

有一次，許多人當著孔融的面誇讚他，但有一個大官卻說：「小時聰明的人，長大後未必能有所成就。」

孔融說：「大人您小的時候，想必也是聰明的。」

即興演講

▍絕妙的演講

艾森豪威爾在哥倫比亞大學擔任校長時，經常應邀出席各種宴會。某次宴會上，幾位名人做了長篇演講，可是主持人最後還是請他發表演講。艾森豪威爾一看時間不早，馬上站起來說：「每篇演講不管它寫成書面或其他形式，都應該有標點符號，今天晚上，我就是標點符號中的句號！」

▍我們在此立下誓言 ── 林肯

87 年以前，我們的祖先在這個大陸上創立了一個新的國家，它主張自由，並且堅決相信所有人生來都是平等的。

現在，我們捲入一個偉大的內戰之中，我們在試驗，究竟這一個國家，或任何一個有這種主張和信仰的國家，是否能夠長久存在。我們在戰爭中一個偉大的戰場上集會，並且奉獻這個戰場上的一部分土地，作為那些在此地為國家生存而犧牲自己生命之人的永久安眠之所。我們這麼做完全是應該的和正當的，從廣泛的意義上來說，我們不能使奉獻的這片土地更加神聖和更加有尊嚴。因為，那些勇敢的人們，活著的和死去的，他們在奮鬥，已經使這塊土地神聖了，遠非我們的能力所能予以增減。世界上的人們不太會注意，更不會長久地記得我們在此地所說的話，但是，他們將永遠不會忘記這些人在這裡所做的事。因此，我們活著的應該繼續完成英雄們為之戰鬥並使之前進的未竟事業。從先烈身上，我們將獲得對那事業更多的忠誠，而先烈們已為之奉獻出忠誠直到最後。我們在此立下誓言，要使他們不致白白死去，要使這個國家在上帝的庇佑之下得到自由的新生，要使那民有、民治、民享的政府不致在地球上消滅，永世長存！

▌獸·人·鬼 ── 聞一多

　　劊子手們這次傑作我們不忍再描述了，其殘酷的程度，我們無以名之，只好名之日獸行，或超獸行。但既已認清了是獸行，似乎也就不必再用人類的道德和牠費口舌了。甚至用人類的義憤和牠生氣，也是多餘的。反正我們要記得，人獸是不兩立的，而我也深信，最後勝利必屬於人！

　　勝利的道路當然是曲折的，不過有時也實在曲折得可笑。下面的寓言正代表著目前一部分人所走的道路。

　　村人在附近發現了虎，孩子們憑著一股銳氣和虎搏鬥了一場，結果犧牲了，於是成人之間便發生一連串分歧的議論：

- 立即發動全村人去打虎。
- 在打虎的方法沒有設定周密時，勸孩子們暫勿離村以免受害。
- 已經勸阻過了，他們不聽，死了活該。
- 我們自己別提打虎了，免得鼓勵孩子們去冒險。
- 虎在深山中，你不惹牠，牠怎麼會惹你？
- 是呀！虎本無罪，禍是喊打虎的人闖出來的。
- 虎是越打越凶的，誰願意打，誰打好了，反正我是不去的。

　　議論發展下去沒完沒了，而且有的離奇到無法想像。當然這裡只限於人 ── 善良之人的議論。至於那（為虎作倀）的鬼想法，就不必去揣測了。但願世上真沒有鬼，然而我真擔心，人既是這樣的善良，萬一有鬼，是多麼容易受愚弄啊！

▎告別演講 —— 蒙哥馬利

我不得不遺憾地告訴你們，我離開第 8 集團軍的時刻到了。我受命去指揮在英國的英國軍隊。他們將在最高統帥艾森豪威爾的領導下作戰。

我實在很難把離別之情適當地向你們表達出來，我就要離開曾經和我一起戰鬥的戰友。在艱苦作戰與贏得勝利的歲月中，你們忠於職守的勇敢與獻身精神，永遠令我欽佩。我覺得，在這支偉大的軍隊中，我有許多朋友。我不知道你們是否想念我，但我對你們的思念，特別是回憶起那些個人的接觸，以及路上相遇時愉快致意的情景，實非言語所能表達。

我們共同作戰，從未失敗過。我們共同所做的每件事，總是成功的。我知道，這是由於每個官兵忠於職守、全心全意的結果，而不是我一人之力所能做到的。

正因為這樣，你們和我彼此建立了信任。司令官與他部隊之間的相互信任是無價之寶。

與沙漠空軍部隊告別，我也依依不捨。在第 8 集團軍整個勝利作戰的過程中，這支出色的空中打擊力量一直跟我們並肩作戰。第 8 集團軍的每名士兵引以為榮地承認，這支強而有力的空軍支援是勝利極其重要的因素。對於盟國空軍，尤其是對沙漠空軍的大力支援，我們將永誌不忘。

臨別依依，我要向你們說些什麼呢？

我激動得說不出話，但我還是跟你們說：

第 8 集團軍之所以有今天，是你們的功勞，是你們使它在全世界家喻戶曉。因此，你們一定要維護它的良好名聲和它的傳統。

請你們以對我一貫的忠誠和獻身精神同樣地對待我的接任者。

再見吧！

希望不久又再見面，希望在這次大戰的最後階段，會再次並肩作戰。

當個上臺不發抖的領導者：

即興談話 × 商業談判 × 會議主持 × 社交溝通，學會最實用口才祕笈，開口就是字字珠璣！

編　　著：謝惟亨，惟言

發 行 人：黃振庭

出 版 者：財經錢線文化事業有限公司

發 行 者：財經錢線文化事業有限公司

E-mail：sonbookservice@gmail.com

粉 絲 頁：https://www.facebook.com/
　　　　　sonbookss/

網　　址：https://sonbook.net/

地　　址：台北市中正區重慶南路一段六十一號八
　　　　　樓 815 室

Rm. 815, 8F., No.61, Sec. 1, Chongqing S. Rd.,
Zhongzheng Dist., Taipei City 100, Taiwan

電　　話：(02)2370-3310

傳　　真：(02)2388-1990

印　　刷：京峯彩色印刷有限公司（京峰數位）

律師顧問：廣華律師事務所 張珮琦律師

定　　價：375 元

發行日期：2023 年 03 月第一版

◎本書以 POD 印製

國家圖書館出版品預行編目資料

當個上臺不發抖的領導者：即興談
話 × 商業談判 × 會議主持 × 社
交溝通，學會最實用口才祕笈，開
口就是字字珠璣！/ 謝惟亨，惟言
編著 . -- 第一版 . -- 臺北市：財經
錢線文化事業有限公司 , 2023.03
面；　公分
POD 版
ISBN 978-957-680-602-5(平裝)
1.CST: 領導者 2.CST: 溝通技巧
3.CST: 說話藝術
494.2　　112001620

電子書購買

臉書